伽利略系列 42

透過生活實例與益智解謎
提升數學能力

培養生活數學素養

人人出版

人人伽利略系列42
透過生活實例與益智解謎提升數學能力
培養生活數學素養

1 藉助新聞培養的數學素養
協助 藤田康範

- 6 藉助選舉來思考數學
- 8 不平等的多數決
- 10 減少感染者的條件
- 12 減少感染擴大的方法
- 14 隱藏在匯率中的數學
- 16 隱藏在軍備競賽中的數學
- 18 隱藏在體育新聞中的數學
- 20 隱藏在地震中的數學
- 22 隱藏在太空探索中的數學
- 24 隱藏在天氣預報中的數學
- 26 隱藏在地球暖化中的數學

2 隱藏於生活中的數學素養
協助 今野紀雄

- 30 結帳的等待時間
- 32 陽性的機率
- 34 網路購物
- 36 彩券的期望值
- 38 隱藏在購物中的數學
- 40 隱藏在旅行中的數學
- 42 隱藏在節約中的數學
- 44 隱藏在影印紙中的數學
- 46 隱藏在減肥中的數學
- 48 隱藏在等待中的數學
- 50 隱藏在人壽保險中的數學

3 藉益智解謎培養數學思考

監修 今野紀雄

- 54 弗羅貝尼烏斯的硬幣交換問題
- 56 砝碼問題與二進制
- 58 4張卡片問題
- 60 鴿巢原理
- 62 與直線相切的圓
- 64 美術館定理
- 66 圓的直徑與圓周長
- 68 圓周角定理
- 70 勒洛三角形
- 72 正方形的裝箱
- 74 費米推論
- 76 組合數
- 78 擲硬幣
- 80 西克曼骰子
- 82 解答與解說

4 藉助悖論培養的數學素養

協助 今野紀雄

- 92 賭徒謬誤
- 94 小貓悖論
- 96 生日悖論
- 98 伯特蘭箱子
- 100 3囚徒困境
- 102 蒙提霍爾問題
- 104 聖彼得堡悖論
- 106 辛普森悖論
- 108 交換悖論
- 110 伽利略悖論
- 112 無限旅館悖論
- 114 湯姆生燈悖論

5 隱藏在形狀中的數學素養

協助 木村俊一／根上生也／河野俊丈

- 118 隱藏在多面體中的法則
- 120 奇妙的 π
- 122 費氏數列
- 124 自然界與黃金數
- 126 四維空間
- 128 四維空間中的移動
- 130 非歐幾里得幾何學
- 132 彎曲的空間
- 134 拓撲學
- 136 隨處可見的拓撲學
- 138 碎形①～②

1 藉助新聞培養的數學素養

日常新聞中，電視台為了替報導內容增添客觀性，經常會使用數據資料或分析這些資料的數學思考方式。不過，有些內容在數學上是正確的，也有些內容令人存疑。因此，第1章將會列舉一些運用數學手法的新聞，並深入探討這些新聞是如何運用數學的方法。透過解讀新聞背後的數學法則，逐漸讓大家培養出數學的素養。

6	藉助選舉來思考數學	18	隱藏在體育新聞中的數學
8	不平等的多數決	20	隱藏在地震中的數學
10	減少感染者的條件	22	隱藏在太空探索中的數學
12	減少感染擴大的方法	24	隱藏在天氣預報中的數學
14	隱藏在匯率中的數學	26	隱藏在地球暖化中的數學
16	隱藏在軍備競賽中的數學		

協助　藤田康範

藉助選舉來思考數學

開票率還是0%卻出現「確定當選」，這在數學上是正確的嗎？

我們經常在選舉中聽到「確定當選」，這是預測候選人應該有相當高的機率當選的意思。然而，有時明明開票率只有1%，電視卻報導某個候選人確定當選。這是為什麼呢？

在統計上預測確定當選的方法

儘管也可以藉助出口民調等方法來進行預測，但這裡介紹一種方法，即使開票率只有百分之幾也能用統計推估最終得票數。

最終得票數是以總票數×最終得票率來表示。換句話說，只要

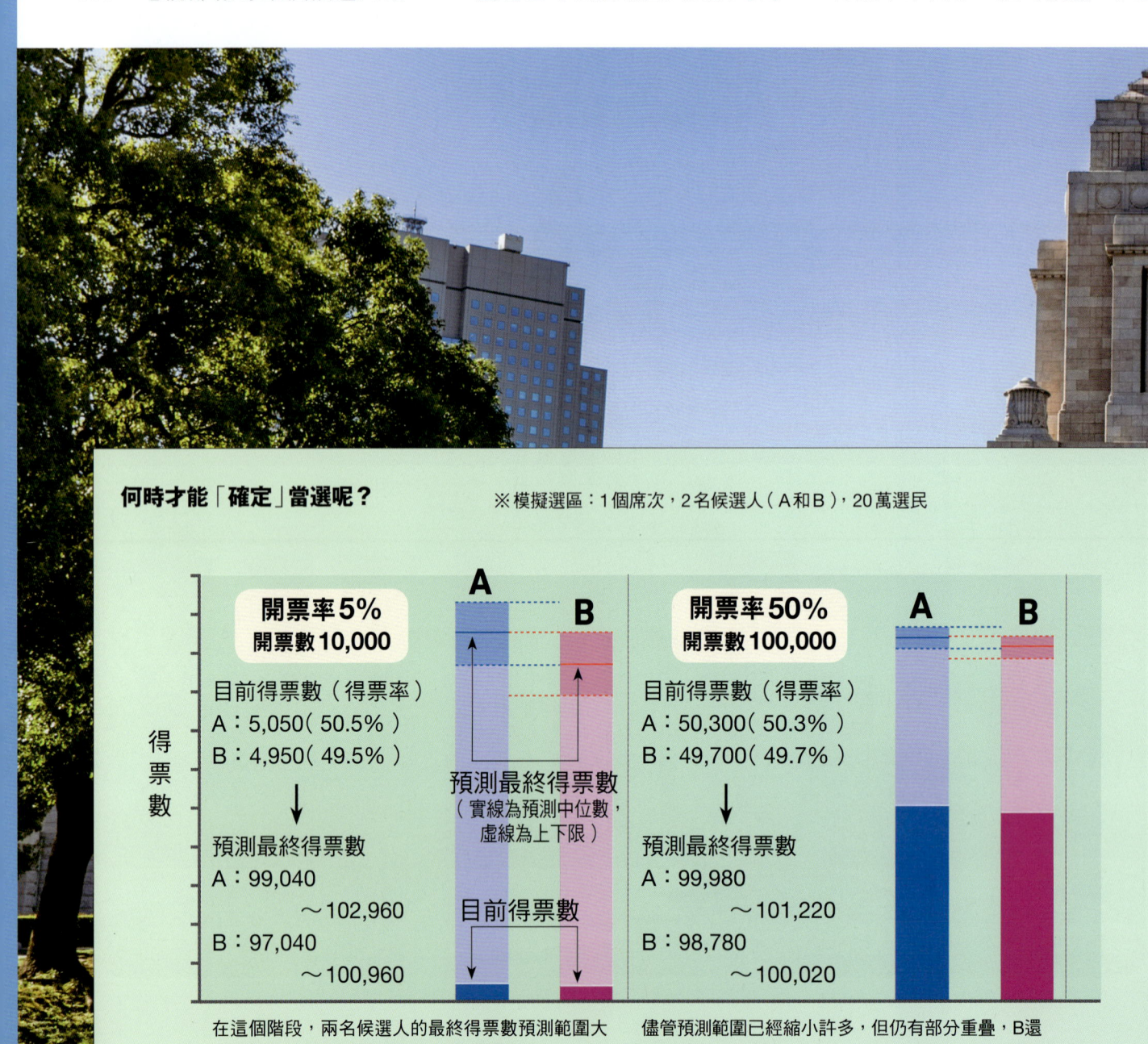

何時才能「確定」當選呢？

※模擬選區：1個席次，2名候選人（A和B），20萬選民

開票率5%
開票數10,000

目前得票數（得票率）
A：5,050（50.5%）
B：4,950（49.5%）
↓
預測最終得票數
A：99,040～102,960
B：97,040～100,960

預測最終得票數
（實線為預測中位數，虛線為上下限）

目前得票數

在這個階段，兩名候選人的最終得票數預測範圍大大地重疊，因此難以判斷確定當選的是誰。

開票率50%
開票數100,000

目前得票數（得票率）
A：50,300（50.3%）
B：49,700（49.7%）
↓
預測最終得票數
A：99,980～101,220
B：98,780～100,020

儘管預測範圍已經縮小許多，但仍有部分重疊，B還是有逆轉的可能性。

能夠預測最終得票率，就能預測最終得票數。

這裡以下圖所假設的模擬選區（20萬選民，1個席次，2名候選人），調查至確定當選的整個過程。在開票率為5%的階段，A和B兩名候選人的得票率幾乎不相上下。因為從開票率5%如此少的資訊中，預測最終得票數的範圍很廣，而且範圍還有可能重疊。

隨著開票的進行，可用於預測的資訊愈來愈多，最終得票數的預測也可以更加準確。等到開票率來到80%的時候，A和B的預測範圍不再重疊，B逆轉的可能性變得微乎其微。只有在這樣的狀態下，我們才能判斷A的當選已是囊中之物。另外，如果A和B之間的差距很大，那麼就能更早做出確定當選的判斷。

如果事前的民意調查或投票日當天的出口民調顯示某位候選人將獲得壓倒性的勝利，有時新聞媒體就會根據自身的判斷來宣布確定當選。但是，在開票率為0%的情況下判斷確定當選，往往不太具有統計上的意義。

隨著開票進行，預測愈來愈準確

圖表顯示隨著開票的進行，最終得票數的預測如何變化（左邊的三張圖表）。根據各個階段已知的得票數（得票率），針對最終得票數進行範圍預測；這裡的範圍代表「有95%的機率會落在這個範圍內」的意思，一旦兩名候選人的預測範圍不再重疊時，就可以判斷「確定當選」。順帶一提，圖表上方的預測範圍寬度畫得比實際值更寬，以此突顯兩者的差異。在實際選舉中，即使是同一個選區，不同地區的支持者比例也可能存在很大的差異。因此，和上述的簡化例子不同，如果先從B候選人支持者較多的地區開始開票的話，一開始可能是B候選人看起來占了上風。

開票率80%
開票數160,000

目前得票數（得票率）
A：80,800（50.5%）
B：79,200（49.5%）

↓

預測最終得票數
A：100,510
　　～101,490
B：98,510
　　～99,490

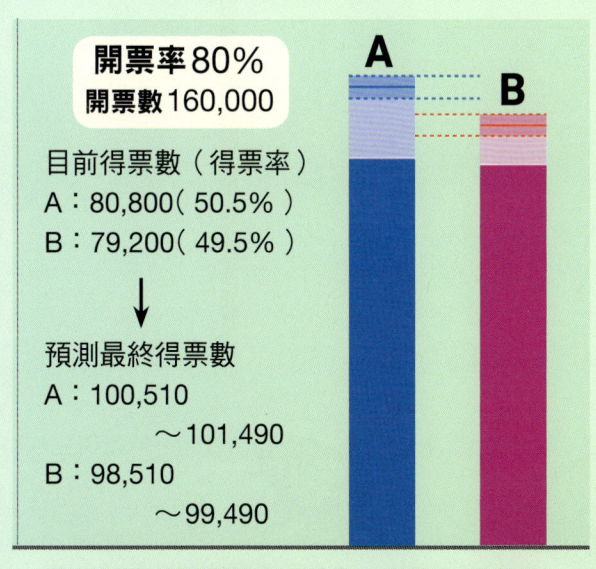

最終得票數的預測範圍不再重疊，B逆轉的可能性幾乎消失，A「確定當選」。

確定當選終究只是預測，所以若中途出現超出預期的發展時，預測就有可能失準。當雙方差距愈小時，確定當選的判斷就愈需要慎重。日本也曾經多次出現確定當選「失準」，其中大多都發生在第一名和第二名的得票數差距在2000票以內這種票數非常接近的情況。

不平等的多數決

隱藏在「淘汰賽形式的多數決」之中的陷阱

新聞上經常出現「透過多數決決定○○」的報導，在決定某些事物時，我們經常會進行「投票」。投票決定的結果，應該是以平等的方法選出來的。即使不是自己當初所期望的，也會因為是在平等的情況下選出，而接受這個結果。

然而，採取不同的投票方式，有時候也會產生不平等且不合理的結果。

例如，假設有三個朋友（A、B、C）要決定一起吃什麼午餐。午餐的選項有咖哩飯、蕎麥麵和拉麵。3人決定以「民主」的多數決來進行表決。

首先從「咖哩飯和蕎麥麵哪個比較好？」進行投票，結果蕎麥麵獲得2票、咖哩飯獲得1票，由蕎麥麵勝出。接著以「勝出的蕎麥麵和拉麵哪個比較好？」進

淘汰賽多數決的結果 ①
（首先從「咖哩飯對蕎麥麵」開始）

勝者：拉麵

蕎麥麵 vs 拉麵 → 拉麵
　1　　對　　2

咖哩飯 vs 蕎麥麵 → 蕎麥麵
　1　　對　　2

行投票，結果拉麵獲得2票、蕎麥麵獲得1票，由拉麵勝出（左頁下方）。

3人根據這個多數決的結果，一起去拉麵店享用了午餐。

乍看之下，這個投票似乎是民主且平等的決定方式，但其實隱藏著一個嚴重的問題。

舉例來說，假設A先生的偏好順序是「蕎麥麵＞咖哩飯＞拉麵」，而B先生的偏好是「咖哩飯＞拉麵＞蕎麥麵」，C先生則偏好「拉麵＞蕎麥麵＞咖哩飯」。

實際上，在這種情況下，無論是咖哩飯、蕎麥麵還是拉麵，最後都有可能脫穎而出。在剛才的投票中，3人先進行的是「咖哩飯對蕎麥麵」的對決，讓我們試著將第一輪的對決改成「咖哩飯對拉麵」。

結果咖哩飯獲得2票，拉麵獲得1票，由咖哩飯勝出；接著在「勝出的咖哩飯對蕎麥麵」的投票中，蕎麥麵獲得2票，咖哩飯獲得1票，最終由蕎麥麵獲勝。

同樣地，如果第一輪對決改成「蕎麥麵對拉麵」，將會是拉麵獲得2票，蕎麥麵獲得1票，由拉麵勝出；而在「勝出的拉麵對咖哩飯」的投票中，咖哩飯會獲得2票，拉麵獲得1票，最終選擇的是咖哩飯。

由此可見，採用「淘汰賽形式的多數決」時，儘管集體意志不變，卻會因為投票順序而造成不同的結果。

午餐想吃的食物排名

挑選者 \ 選項	咖哩飯	蕎麥麵	拉麵
A	2	1	3
B	1	3	2
C	3	2	1

淘汰賽多數決的結果 ②
（首先從「咖哩飯對拉麵」開始）

- 咖哩飯 vs 蕎麥麵 → 蕎麥麵　1 對 2
- 咖哩飯 vs 拉麵 → 咖哩飯　2 對 1
- 勝者：蕎麥麵

淘汰賽多數決的結果 ③
（首先從「蕎麥麵對拉麵」開始）

- 拉麵 vs 咖哩飯 → 咖哩飯　1 對 2
- 蕎麥麵 vs 拉麵 → 拉麵　1 對 2
- 勝者：咖哩飯

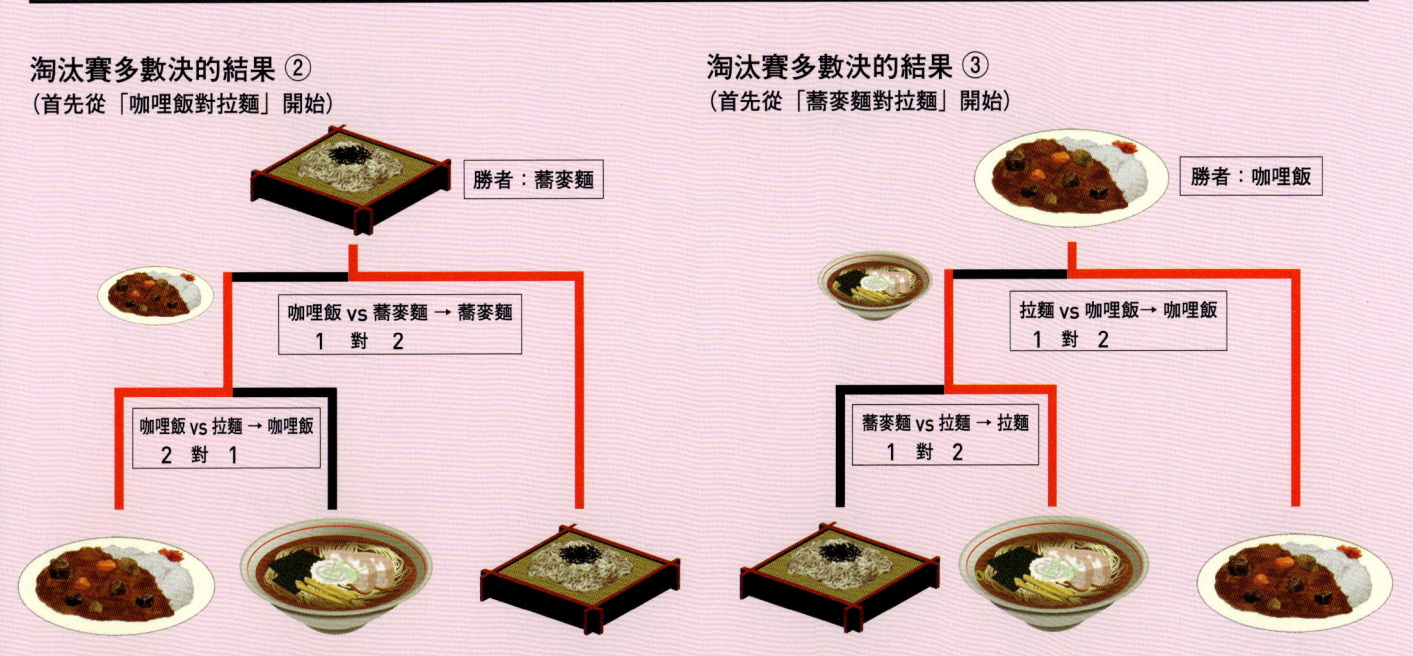

減少新型冠狀病毒感染人數的條件是什麼？

新型冠狀病毒的感染範圍擴大，在全世界已然成為嚴重的問題，為了避免因感染擴大而引發的醫療崩潰和經濟衰退兩大危機，日本也在持續摸索解決之道。要如何才能克服這個難題呢？這裡讓我們試著從數學的角度來思考。

首先，我們可以直接利用指數函數來呈現新型冠狀病毒的擴散趨勢。

例如，進行PCR檢測，結果被判定為「陰性」，便視為「可以外出上班」。然而，PCR檢測並非100%準確，因此這裡假設即使感染了新型冠狀病毒，仍有30%（感染者中的30%是「隱性感染者」）的人在PCR檢測中會被判定為「陰性」；此外，假設每一名隱性感染者會讓4個人感染新型冠狀病毒。另一方面，被判定為「陽性」的人雖然會在一定期間內接受隔離治療，但痊癒後仍然有可能再次受到感染，所以假設不存在沒接受治療就自然痊癒的人；此外，假設每一期沒有接受隔離的人都會接受PCR檢測。根據這些假設，讓我們試著計算一下有10名感染者的地區，感染人數在初期（第一期）階段會如何增加。這10人中包含了PCR檢測呈陽性和陰性的人。

首先，第一期共有10×0.3=3名隱性感染者（其餘7名PCR檢測呈陽性的人會遭到隔離，不會傳染給其他人）。這3人在第一期與他人接觸，使得感染人數增加為3×4=12人。因此，第二期的感染人數為3+12=15人。在這15人之中，身為隱性感染者的上班感染者有15×0.3=4.5人。這4.5人在第二期與他人接觸，使得感染人數增加為4.5×4=18人。因此，第三期的感染人數為4.5+18=22.5人。在這22.5人之中，身為隱性感染者的上班感染者共有22.5×0.3=6.75人。這6.75人在第三期與他人接觸，使得感染人數增加為6.75×4=27人。因此，第四期的感染人數為6.75+27=33.75人。

照這樣繼續計算下去，讓我們思考一下感染人數在第 x 期會增加到多少人。

在這裡，根據第二期整理計算公式，得到10×0.3+10×0.3×4=10×0.3×5=10×1.5，可以看出隨著期數推移，感染人數以1.5倍的速度增加。因此，第 x 期（$x \geq 1$）的感染人數為 $10 \times 1.5^{x-1}$。以橫軸為

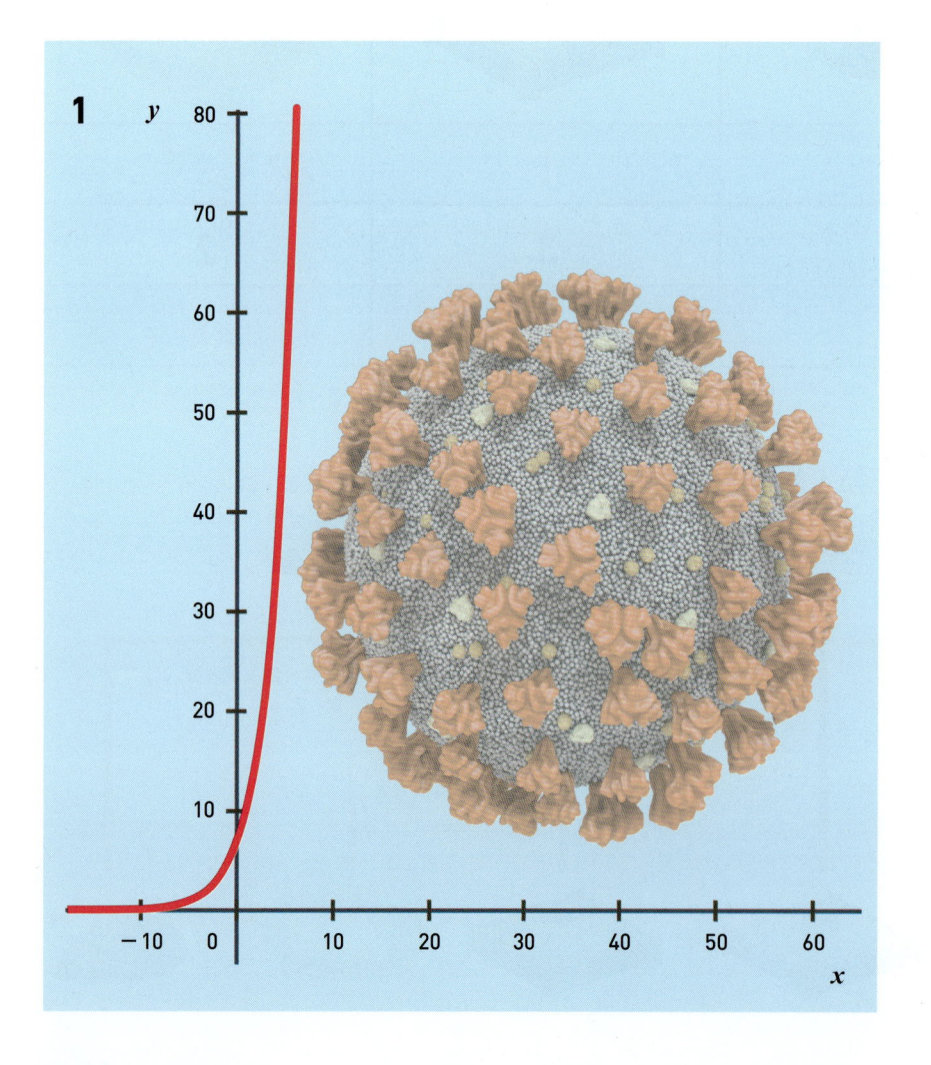

x，縱軸為y，畫出$y(x)=10×1.5^{x-1}$的圖形，就會得到左頁的圖（**1**）。

這次，在相同的條件下，只改變PCR檢測判定為「陰性」的機率，假設為10％（感染者的10％是「隱性感染者」）。試著思考這種情況下，第x期的感染人數有幾人。

從第二期來看，根據$10×0.1+10×0.1×4=10×0.1×5=10×0.5$，可得知每經過一期，感染人數就會變成0.5倍。因此，第x期（$x≧1$）的感染人數為$10×0.5^{x-1}$。以橫軸為x，縱軸為y，畫出$y(x)=10×0.5^{x-1}$的圖形，就會得到右邊的圖（**2**）。

從圖**1**和圖**2**的圖表可以看出，圖**1**的感染人數呈指數增加，在圖**2**則呈指數減少。由於PCR檢測的準確機率不同，導致感染人數的變化呈現完全相反的趨勢。

下面將這些結果進一步歸納，讓我們試著計算PCR檢測的準確機率及隱性感染者的新感染人數分別為多少時，感染人數就不會再增加。

首先，假設PCR檢測的判定為「感染者的$p×100％$呈陰性」。這裡感染者的$p×100％$，就是所謂的「隱性感染者」。舉例來說，假如隱性感染者占了30％，則$p=0.3$。假設這些隱性感染者將會讓$α$人感染新型冠狀病毒。這時，讓我們計算得避免感染人數增加所需的p和$α$的條件。

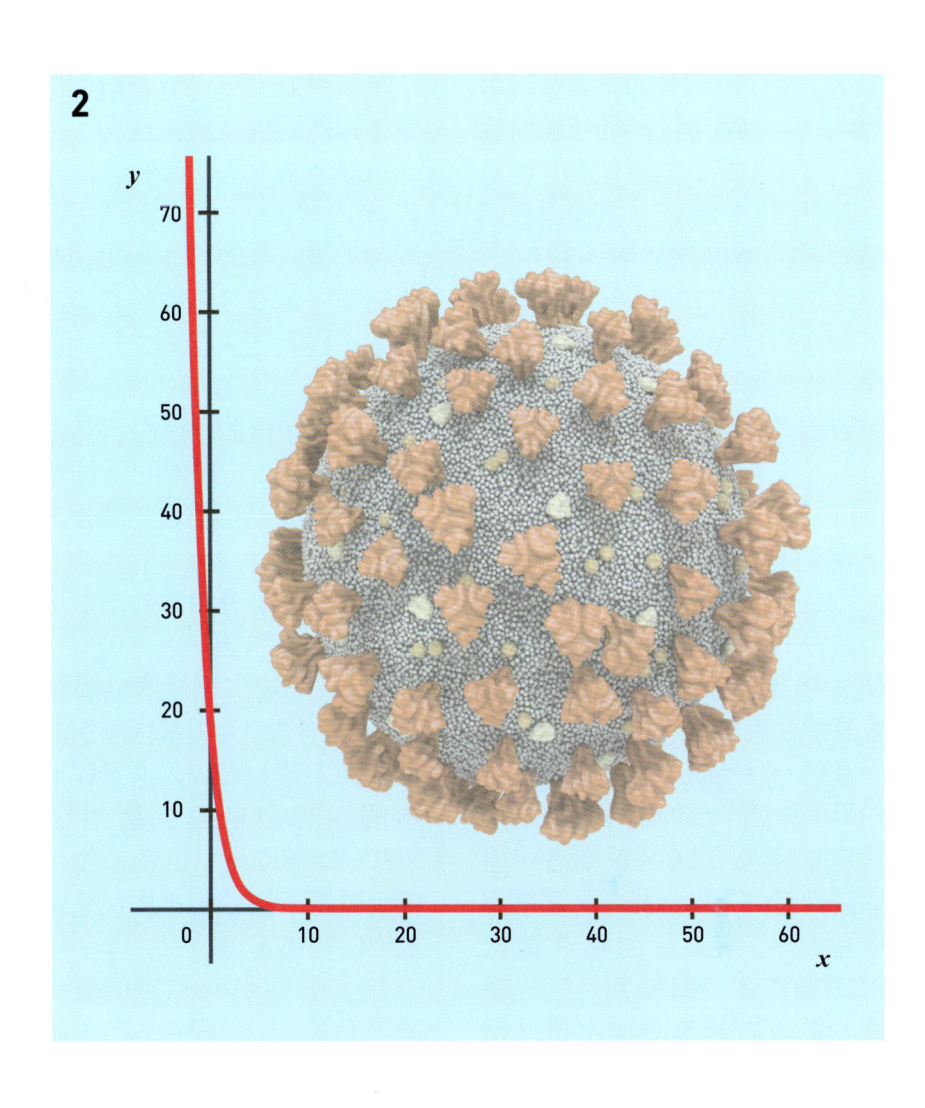

一般而言，若$x-1$期（$x≧1$）的感染人數為y_{x-1}，則y_{x-1}人感染者中，作為隱性感染者的上班人數為py_{x-1}。

這些py_{x-1}人，在$x-1$期接觸他人後，導致感染人數增加為$αpy_{x-1}$人。

因此，x期的感染人數y_x為$py_{x-1}+αpy_{x-1}=(1+α)py_{x-1}$人。在$y_x≦y_{x-1}$的條件下，

$(1+α)py_{x-1}≦y_{x-1}$
$(1+α)p≦1$

因此，$p≦\dfrac{1}{1+α}$。

只要滿足這個條件，感染人數就會逐漸減少，從而防止感染程度擴大。

實施刺激旅遊活動時，防止感染擴大的條件是什麼？

減少感染擴大的方法

新型冠狀病毒的感染狀況可能會隨著人們的移動而擴大。然而，為了維持經濟，也必須刺激旅遊的需求。這裡讓我們從數學的角度來思考，在PCR檢測結果並非100％準確的情況下實施刺激旅遊的活動，需要滿足哪些條件才能確保實施活動時不致造成感染擴大。

20名旅客中有2人是隱性感染者的情況

首先，假設有個地區每期會接待20名旅客，其中有10％的旅客是隱性感染者。旅客會在這個地區玩一段時間，之後便離開。

另一方面，假設這個地區初期（第一期）有10名感染者，這些感染者中不包括旅客，而這個地區的所有人每期都會進行PCR檢測，只有被判定為「陰性」的人才能夠外出上班。然而，PCR檢測會將10％的感染者誤判為「陰性」；換言之，有10％的感染者是外出上班的隱性感染者。

另外，假設在每個期間，包括當地居民與旅客在內的隱性感染者，會分別將新型冠狀病毒傳染給新的2人。不過，隱性感染者雖會傳染給當地居民，但不會傳染給旅客。同時，被判定為「陽性」的人會在該期接受治療，但仍有可能再度感染。假設沒有人可以不經治療就痊癒。

在這些條件下，計算這個地區第一期的隱性感染人數。

20人×0.1（旅客的隱性感染人數）＋10人×0.1（當地居民的隱性感染人數）＝3，所以這個地區在第一期有3名隱性感染者。這些人與其他人接觸之後，這個地區的感染人數增加為3×2＝6人。因此，這個地區在第二期的感染人數為1（當地的隱性感染人數）＋6（新增的當地隱性感染人數）＝7人。

這7名感染者中，外出上班的隱性感染人數為7人×0.1＝0.7人。2人（第二期旅客的隱性感染人數）＋0.7人（當地居民的隱性感染人數）＝2.7人通過與他人接觸，導致感染人數增加為2.7×2＝5.4人；也就是說，這個地區第三期的當地居民感染人數為0.7＋5.4＝6.1人。

在這裡，將第$x-1$期的感染人數設為y_{x-1}，那麼在y_{x-1}人的感染者中，外出上班的隱性感染人數為$0.1y_{x-1}$。

這$0.1y_{x-1}$人＋旅客的隱性感染者2人，在第$x-1$期通過與他人接觸，導致感染人數增加為$2(0.1y_{x-1}+2)$人。

因此，這個地區在第x期的居民感染人數為：

$0.1y_{x-1}+2(0.1y_{x-1}+2)=0.3y_{x-1}+4$

整理後得到$y_x=0.3y_{x-1}+4$。

這裡我們將一般式替換，試著計算某地區感染者不增加的條件。

假設有個地區每期會接待n名旅客，而其中隱性感染者為$q×100％$，旅客會在該地區玩一段期間之後離開。

這個地區第一期有x_1名當地感染者，所有人每期都會進行PCR檢測，只有被判定為「陰性」的人才能外出上班。

然而，PCR檢測會將$p×100％$的感染者誤判為「陰性」，換言之有$p×100％$的感染者是外出上班的隱性感染者。另外，假設在每個期間，包括當地居民與旅客在內的隱性感染者，會分別將新型冠狀病毒傳染給新的α人。不過，隱性感染者雖會傳染給當地居民，但不會傳染給旅客。同時，被判定為「陽性」的人會在該期間接受治療，但仍有可能再度感染。假設沒有人可以不經治療就痊癒。

怎麼做才能防止感染擴大？

首先，在第一期，x_1名感染者中，外出上班的當地隱性感染人數為px_1。這px_1人＋旅客的隱性感染者pn，在第一期通過與他人接觸，導致當地的感染人數增加為$\alpha(px_1+qn)$人。

因此，第二期該地區的當地感染人數為，$px_1+\alpha(px_1+qn)=(1+\alpha)px_1+\alpha qn$

而感染人數不增加的條件為：

$(1+\alpha)px_1+\alpha qn \leq x_1$，

$\alpha qn \leq \{1-(1+\alpha)p\}x_1$

經過整理：

$n \leq \frac{1-(1+\alpha)p}{\alpha q}x_1$

同樣地，在第 $x-1$ 期，y_{x-1} 名感染者中，外出上班的當地隱性感染人數為 py_{x-1} 人。這 py_{x-1} 人＋旅客的隱性感染者 qn 人，$x-1$ 期通過與他人接觸，導致當地感染人數增加為 $\alpha(py_{x-1}+qn)$。

因此，該地區第 x 期的當地感染人數為：

$py_{x-1}+\alpha(py_{x-1}+qn)=(1+\alpha)py_{x-1}+\alpha qn$

也就是說，$y_x=(1+\alpha)py_{x-1}+\alpha qn$

這裡將穩定狀態（不隨時間變化的狀態）的值設為 x，則

$x=(1+\alpha)px+\alpha qn＋$穩定狀，因此

$x=\frac{\alpha qn}{1-(1+\alpha)p}$

由此可知，使 x 不增加的條件為 $1>(1+\alpha)p$，亦即

$p<\frac{1}{1+\alpha}$。

這表示只要PCR檢測的誤判率 p 小於 $\frac{1}{1+\alpha}$，感染就不會擴大。換句話說，若無法提高PCR檢測的準確度，那麼就要嚴格執行戴口罩等措施，以防止隱性感染者傳染給其他人，這樣才能避免感染擴大。

降低匯率變動風險的數學理論

隱藏在匯率中的數學

財經新聞節目中提到的日圓或美元等外匯是在世界各地進行交易，並受到各國政策或動向等各種原因的影響。

然而，貨幣價格的變動會影響原料的採購成本和出口商品的價格，繼而影響到企業的利潤。

為了規避這類匯率價格波動帶來的風險，人們提出「選擇權理論」這個數學理論。

舉例來說，假設有一家公司從國外進口原料以製造產品。現在，該公司購買了一年後以110日圓購買100日圓的權利。即使一年後的日圓貶值至130日圓，只要能以110日圓進行交易，原料價格就不會受到匯率的影響，比較容易制定生產計畫。

但是，如果日圓升值至90日圓，就必須以110日圓購買，因為受到匯率波動而蒙受損失。在這種情況下，應用選擇權理論進行選擇權交易時，該公司可以放棄以110日圓購買的權利。

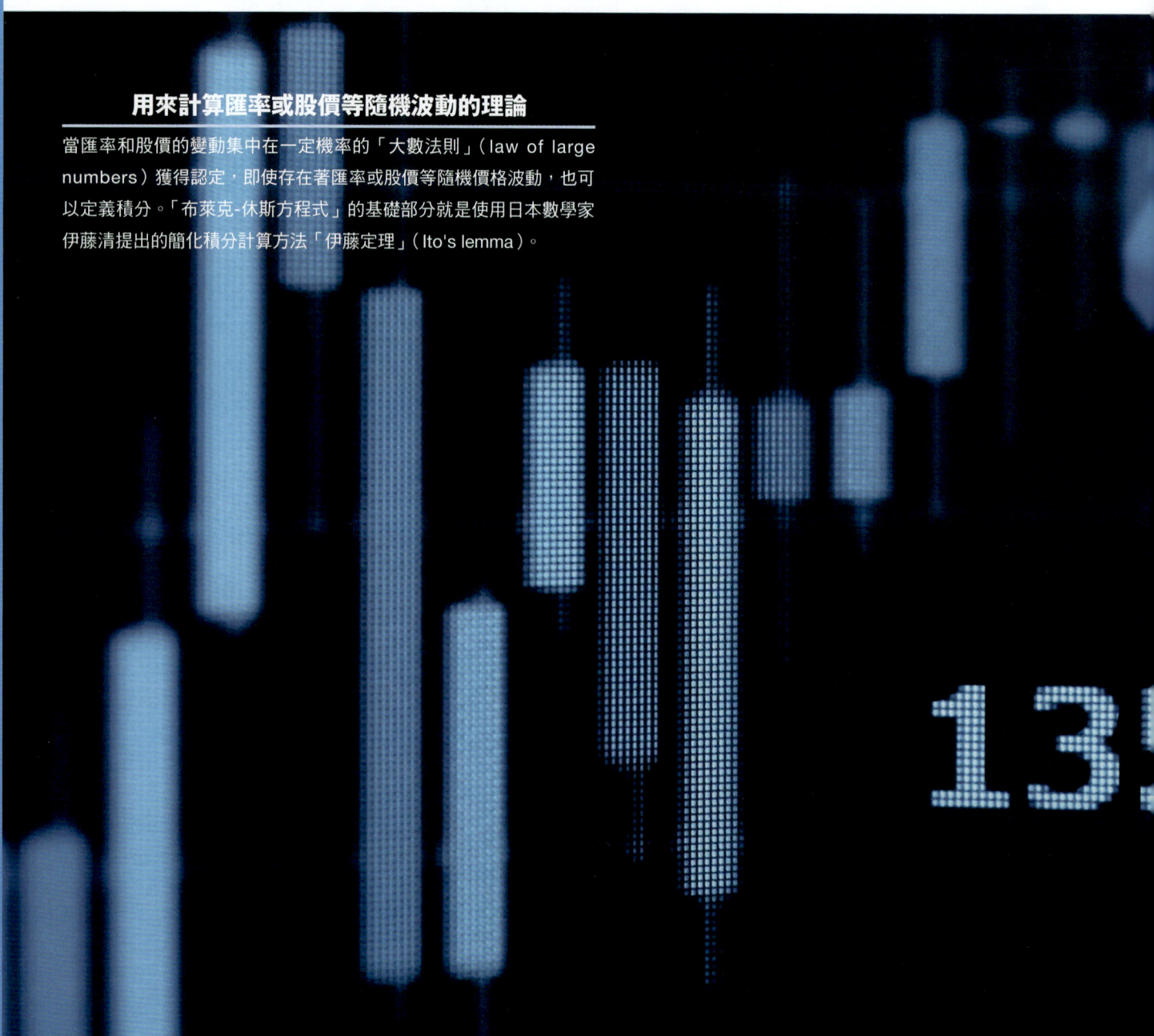

用來計算匯率或股價等隨機波動的理論

當匯率和股價的變動集中在一定機率的「大數法則」（law of large numbers）獲得認定，即使存在著匯率或股價等隨機價格波動，也可以定義積分。「布萊克-休斯方程式」的基礎部分就是使用日本數學家伊藤清提出的簡化積分計算方法「伊藤定理」（Ito's lemma）。

這時，該公司的損失僅限於行使購買權利所需支付的權利金。綜上所述，可以選擇在某個特定日期以特定價格購買或不購買（選擇權），就是應用選擇權理論的選擇權交易的特徵。

利用數學公式來表示匯率和股價等隨機的波動

但是，準確預測未來的貨幣價格是相當困難的一件事。因此，選擇權交易的權利金要收多少才合理，多年來都是憑藉交易商的直覺和經驗來決定。

為此，布萊克（Fischer Sheffey Black，1938～1995）和休斯（Myron Scholes，1941～）這兩位經濟學家，運用數學解決了這個問題。他們提出的方程式被稱之為「布萊克-休斯模型」（Black-Scholes Model），並於1997年獲得諾貝爾經濟學獎。

直線或拋物線這類具有規則性的曲線比較容易轉換成方程式，但像匯率或股價等隨機波動的曲線則很難用方程式來表示。

因此，布萊克和休斯根據數學家伊藤清（1915～2008）提出的伊藤定理，構建出以積分表示隨機運動的方程式。這個方程式的計算結果顯示，即使未來金融商品價格的期望值上升，也不會影響選擇權價格；換言之，如今的權利金可以根據數學理論進行設定。

隱藏在軍備競賽中的數學

試著利用數學解釋兩國之間的衝突模型

軍備擴張競賽（軍備競賽）是指加強本國軍備，取得優於他國軍備的競賽。最著名的例子就是第二次世界大戰結束後，美國和蘇聯之間於冷戰期間進行的核武開發競賽。

第一次世界大戰的慘痛教訓讓英國物理學家理察森（Lewis Fry Richardson，1881～1953）深感震驚，因此他試圖用數學來分析這種軍備競賽。理察森為了用數學解釋避免戰爭的

建立氣象預報數值預測模型的數學家

理察森是以嘗試透過數值分析進行天氣預報而聞名的英國物理學家、數學家和氣象學家。在湍流的研究中，他發現了湍流擴散中的「理察森法則」。此外，他也開發出類似氣象的國際衝突數學模型，並基於統計學分析戰爭的原因。

方法，於1935年構建出兩國軍備競賽的數學模型。

這個數學模型稱為「理察森方程式」，它採用了聯立微分方程式的形式（一般方程式是計算滿足等式的值，而微分方程式是計算滿足等式的方程式）。

用數學將國際衝突模型化

理察森利用第一次世界大戰各國的數據，用數學表示從軍備競賽演變至戰爭的過程。

具體來說，如果一個國家為了擴張軍備而增加財政支出，另一國家也會為了對抗而增加財政支出以擴張軍備。根據預測，這種情況將導致兩國經濟疲軟，並隨著時間推移，情勢將逐漸升級。

另一方面，他所建立的模型由於並未充分考慮地緣效果等重要因素，使得其有效性備受質疑。

然而，這是世界上首次嘗試應用數學模型將國際關係理論化，對後來的衝突理論研究發展產生極大的影響。

隱藏在體育新聞中的數學

「為何4成打擊率的打者如此罕見？」試著從統計的角度探究其原因

將數學的思維應用於體育新聞中，就能更深入地理解職業棒球選手的厲害之處。

這裡以棒球的打擊率為例。即使是職業生涯中曾經活躍於美國大聯盟的鈴木一朗，打擊率也從未達到過4成。為何4成的打擊率會如此困難呢？2004年是鈴木一朗在美國大聯盟打擊率最高的一年，當時他的打擊率為3成70。

儘管看似只差0.3便可突破4成大關，但讓我們藉由數學告訴大家增加這0.3是多麼地困難。

當打擊率來到4成時，機率會急劇下降

首先，打擊率3成70的球員，

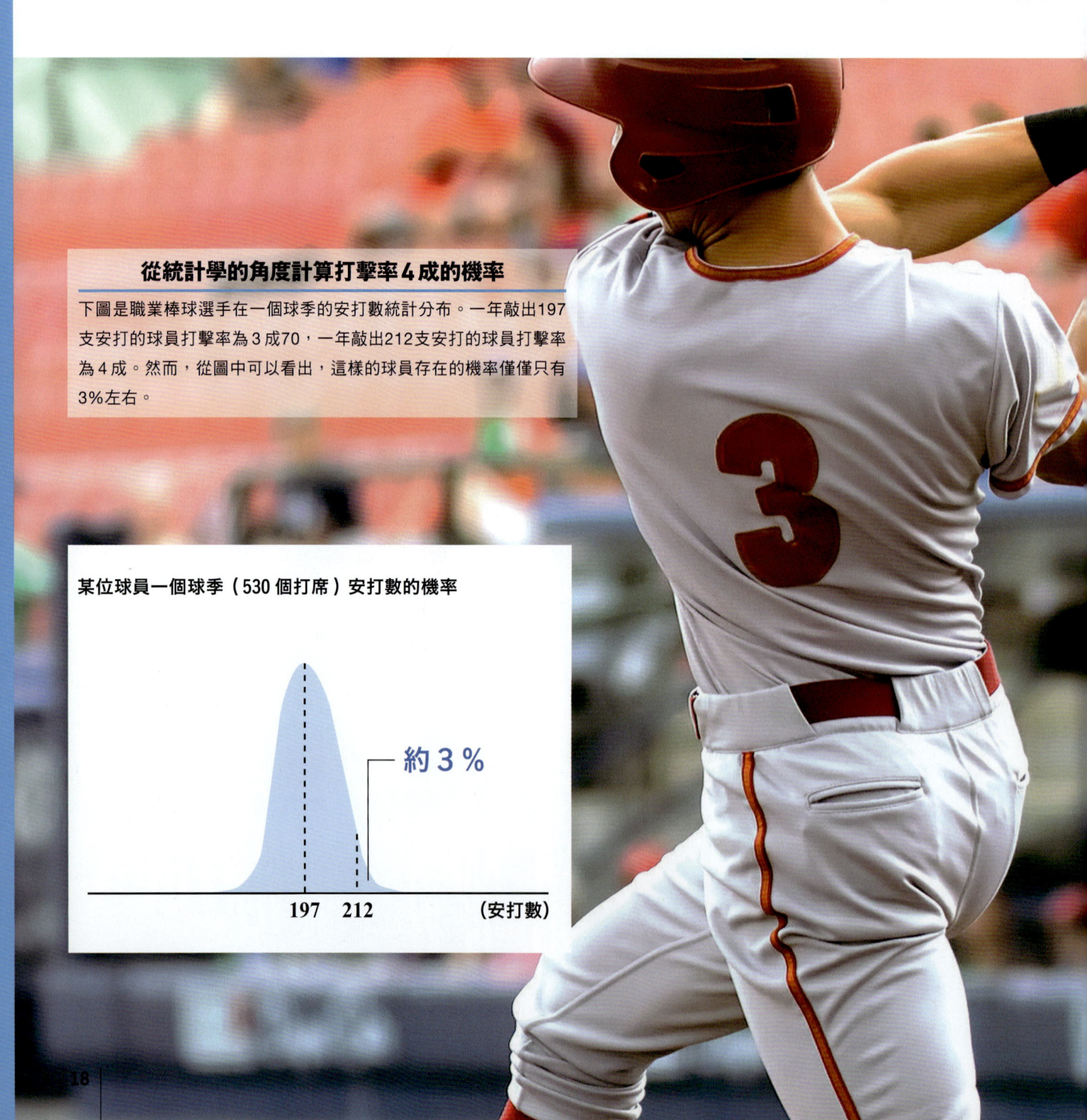

從統計學的角度計算打擊率4成的機率

下圖是職業棒球選手在一個球季的安打數統計分布。一年敲出197支安打的球員打擊率為3成70，一年敲出212支安打的球員打擊率為4成。然而，從圖中可以看出，這樣的球員存在的機率僅僅只有3%左右。

某位球員一個球季（530個打席）安打數的機率

約 3 ％

197　212　（安打數）

每場比賽（一般4個打數）的安打數機率如下。

某個打數打出安打的機率為0.37，出局的機率為1－0.37＝0.63。

假設每場有4個打數，出現零支安打的組合有1種，1支安打的組合有4種，2支安打的組合有6種，3支安打的組合有4種，4支安打的組合有1種。因此，每場打出的安打數機率如下。

0支：$(0.63)^4 ≒ 0.16$
1支：$4×(0.63)^3×0.37 ≒ 0.37$
2支：$6×(0.63)^2×(0.37)^2 ≒ 0.33$
3支：$4×0.63×(0.37)^3 ≒ 0.13$
4支：$(0.37)^4 ≒ 0.02$

同樣地，假設一個球季有530個打數，同樣以打擊率3成70計算，球員一個球季的安打數分布如左頁圖示。

這裡可以使用統計學中的「二項分布」計算出來。從二項分布可以看出，當打擊率為3成70時，敲出197支安打的機率最高，但超過4成（212支安打）的機率僅約3％。

換言之，在197支安打達到高峰，之後安打數的機率會急劇下降；由此可見，即使是鈴木一朗如此厲害的球員，要超越4成的打擊率也不是一件容易的事。

隱藏於地震能量表示方式中的數學

在報導地震的電視快報中，我們經常聽到「地震規模」這個名詞。地震規模這個單位使用了數學中的「對數」。

對數以符號「log」來表示，而 $\log_a x$ 代表「將 a 乘上多少次才能得到 x」。$\log_a x$ 稱為「以 a 為底的 x 之對數」。

另外，與對數密切相關的是「指數」。指數以 a^x 來表示，代表「將「a 乘以 x 次的值」。也就是說，指數和對數是同一種公式的不同寫法。例如，$2^4=2\times2\times2\times2=16$，若以對數來表示，就是 $\log_2 16=4$。

地震規模代表什麼呢？

假設地震規模為 M，地震能量的大小為 E（單位為焦耳），則以下公式成立。

$$\log_{10} E = 4.8 + 1.5M$$

這是美國地震學家芮克特（Charles Richter，1900～1985）所提出的。除了地震規模之外，我們也經常聽到「震度」這個名詞，它並非「能量」的大小，而是表示地震「搖晃」的強度。

震度與地震規模的區別

震度和地震規模都是用來衡量地震的標準。收看地震快報的新聞時，震度和地震規模有時候會同時列出。與地震規模不同，震度是表示某個地方的搖晃程度。

用對數表示地震強度有何意義？

為什麼地震規模要使用對數來定義呢？

地球表面的板塊（岩盤）持續受到壓力，這些壓力積累的應變達到極限，一口氣以能量的形式釋放出來，最終引發地震。

而釋放的能量大小（總量），就成為計算地震規模的基礎。若用指數來表示定義地震規模的公式，可寫成 $E=10^{4.8+1.5M}$，藉此公式可以看出，地震規模M的值每增加1，地震能量E的大小將會增加約32倍（$10^{1.5}≒31.62$）。

同樣地，地震規模M的值每增加2，地震能量E的大小將會增加32×32＝1024，也就是超過1000倍。換句話說，地震規模的值僅僅相差2，地震能量的大小就有1000倍的差距。

日本每月都會發生超過1萬次幾乎感覺不出搖晃的地震規模3以下的地震，同時地震規模7以上的大地震也有可能發生。

去年（2024）4月3日台灣花蓮發生規模超過7的地震，全台都感受到強烈的震動，對花蓮當地造成不小的損害。

2011年3月11日於日本東北地區太平洋海上引發的東日本大地震，其地震規模M的值為9.0，更引起海嘯，造成極為慘重的生命財產損失。

舉例來說，地震規模3和地震規模9的地震，兩者的能量大小就相差了約10億倍（32^6倍）。由於地震能量的範圍非常大，如果用能量來表示地震規模的話，大地震的位數就會變得十分龐大，因此使用「地震規模」這樣的單位，即可簡單地表示小規模乃至大規模的地震。

隱藏在太空探索中的數學

為了捕捉宇宙的真實面貌而運用各式各樣的數學

2021年12月25日,「詹姆斯‧韋伯太空望遠鏡」(JWST)發射升空,這是繼「哈伯太空望遠鏡」(HST)之後,由美國國家太空總署(NASA)主導開發的太空望遠鏡。

JWST首次拍攝的影像於2022年7月12日公開。影像中捕捉到因黑洞和暗物質的強大重力,使來自更遠星系的光線彎曲,以高解析度顯示出圓形扭曲的「重力透鏡效應」現象。

話說回來,為何會發生重力透鏡效應這種現象呢?

舉個例子,假設我們將一塊具有彈性的布料拉緊,然後把球放在上面。

這時,球的重量會在布料上造成凹陷。把一個物體放在這個凹陷的邊緣,那麼它就會朝著凹陷下方的球滾落。

如果將布視為「時空」(時間和空間的結合),球視為「天體」的話,那麼凹陷的布就相當於「時空的扭曲」。像這樣,物體受到時空扭曲而被吸引到其他物體的現象即為重力;換言之,

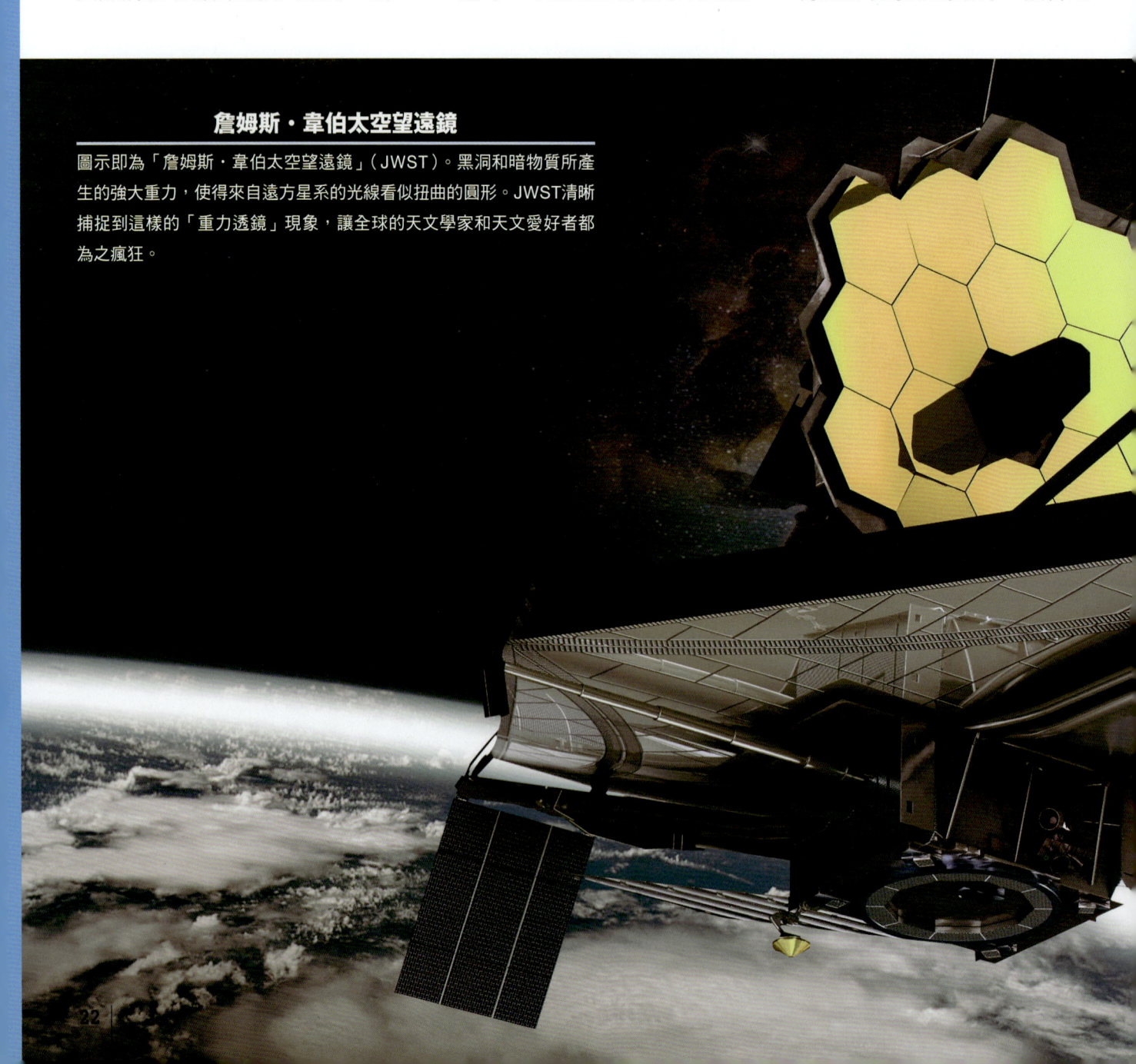

詹姆斯‧韋伯太空望遠鏡

圖示即為「詹姆斯‧韋伯太空望遠鏡」(JWST)。黑洞和暗物質所產生的強大重力,使得來自遠方星系的光線看似扭曲的圓形。JWST清晰捕捉到這樣的「重力透鏡」現象,讓全球的天文學家和天文愛好者都為之瘋狂。

重力是時空扭曲所產生的作用力。1915年，德國的物理學家愛因斯坦（Albert Einstein，1879～1955）完成了這個重力理論。

呈現時空扭曲的新幾何學

他在「廣義相對論」中記載了「愛因斯坦方程式」。這個方程式表示「具有能量或質量的物體周圍，時空會發生扭曲」。愛因斯坦預言了像黑洞這種非常重的天體或暗物質造成的時空扭曲，會產生來自遠方星系的光線看似被彎曲或拉伸的重力透鏡效應。雖然他本人無法親眼確認重力透鏡效應，但在百年後的今天，觀測技術已經發展到能夠成功捕捉非常清晰的重力透鏡效應。

我們在國中和高中數學學到的空間，是曲率為0（不彎曲的平面或空間）的「歐幾里得幾何學」（Euclidean geometry）；反之，曲率為正的是「橢圓幾何學」（elliptic geometry），曲率為負的是「雙曲幾何學」（hyperbolic geometry），這些都稱為「非歐幾里得幾何學」（non-Euclidean geometry）。

另一方面，德國天才數學家黎曼（Bernhard Riemann，1826～1866）則創立了黎曼幾何學（Riemannian geometry），將非歐幾里得幾何學發展到更高層次，可以應對曲率在不同位置變化的表面。愛因斯坦在發現時空扭曲的時候，認為需要一種能夠表現時空扭曲的幾何學，後來他利用黎曼幾何學成功推導出愛因斯坦方程式。

隱藏在天氣預報中的數學

東京和新潟的降水機率都是30%，但解讀方式有所不同

大部分的日本人在出門前都會確認一下「降水機率」。這是指「該地區下雨或下雪的機率」，這個值到底是怎麼計算出來的呢？

日本氣象廳對降水機率的定義和計算方法如下。

日本氣象廳每6小時會以10%為單位，發布預報區域內降雨超過1毫米的機率。例如「18點至24點的降水機率為30%」，這句話的意思是該時段降下1毫米以上的雨之可能性「在100次中有30次」；換言之，過去相同的氣象條件有100次，其中有30次出現超過1毫米的降雨，這時就以「降水機率30%」來表示。

即使是相同的降水機率，每個地區的意義也不同

需要注意的是，降水機率是根據過去的資料統計而來，機率高不代表雨量多。

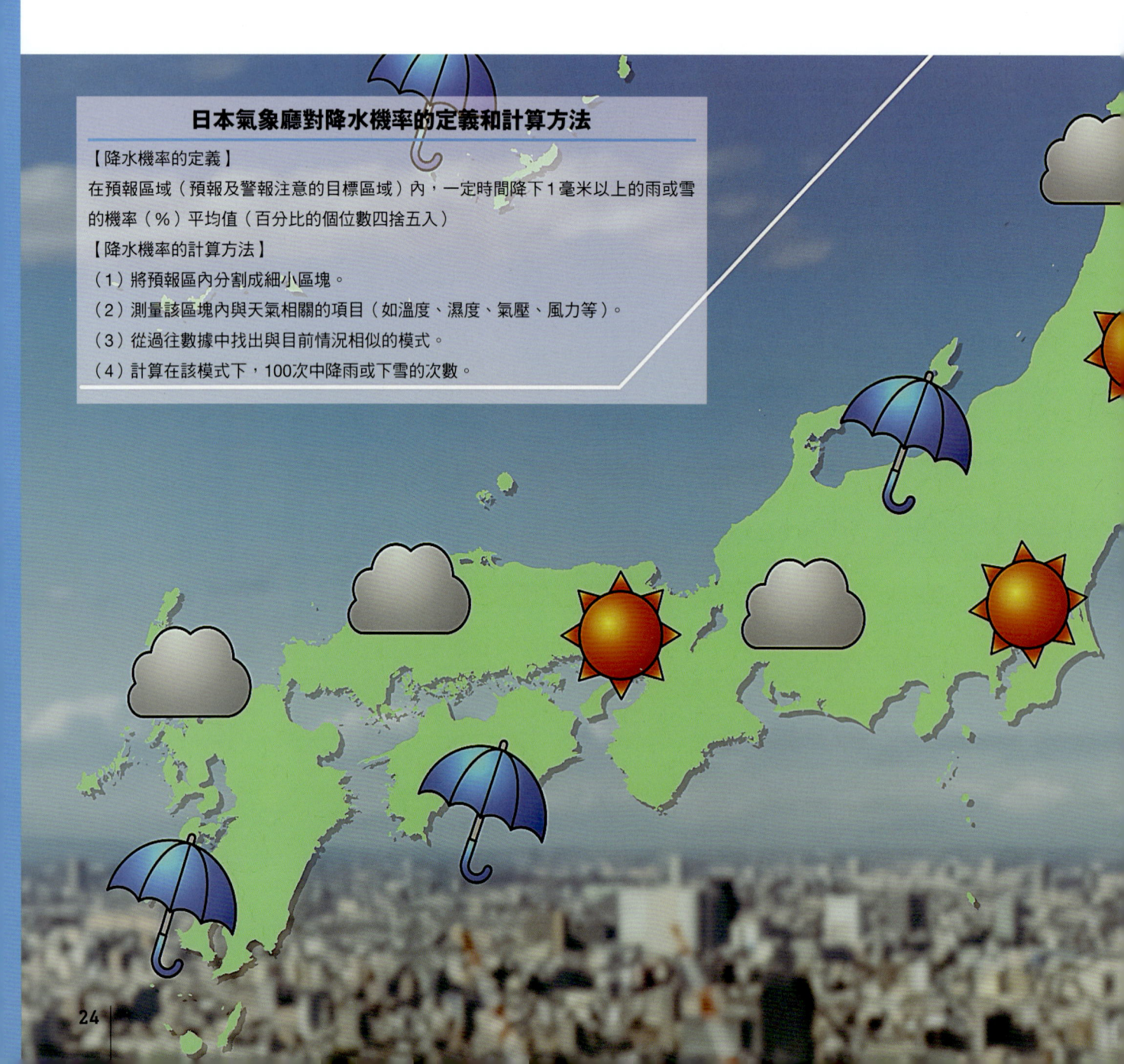

日本氣象廳對降水機率的定義和計算方法

【降水機率的定義】
在預報區域（預報及警報注意的目標區域）內，一定時間降下1毫米以上的雨或雪的機率（%）平均值（百分比的個位數四捨五入）

【降水機率的計算方法】
（1）將預報區內分割成細小區塊。
（2）測量該區塊內與天氣相關的項目（如溫度、濕度、氣壓、風力等）。
（3）從過往數據中找出與目前情況相似的模式。
（4）計算在該模式下，100次中降雨或下雪的次數。

降水機率100%不表示會降下傾盆大雨，相反地，降水機率0%是指降水機率低於5%，並不代表完全不會下雨。

此外，降水機率是指在一定時間內，預報區域內降雨超過1毫米的機率之「平均值」。即使降水機率有30%，也要記得不同地區對機率的理解方式會有所不同。

比方說，基於過去30年的觀測資料，計算1月份的平均降水量。在太平洋側的東京，降水量大約為10毫米，而在日本海側的降雪地帶新潟，降水量可能高達60毫米。

也就是說，東京1月份的降水機率30%相對平均來說是較高的機率，而新潟1月份的降水機率30%則低於平均。

像這樣，對降水機率指標的理解，會因為不同的地區和季節而出現很大的差異。不僅僅是單純地追求數值，能夠更準確地理解統計學計算出來的數值，具備這類知識和技術將變得愈來愈重要。

話說，日本的降水機率預報是從1980年6月開始的。

最初只有在東京地區發布，1986年3月後在全國發布。降水機率是根據觀測數據計算出來，數據愈多，預測愈精準。未來降水機率的精準度還會不斷提升，有望給我們的生活帶來更大的幫助。

新潟與東京的年降水量（年均值：1990~2020）

年降水量合計：新潟 1845.9mm 東京 1598.2mm

隱藏在地球暖化中的數學

獲得諾貝爾物理學獎的氣候變遷模型是什麼？

溫室效應氣體被認為是地球暖化的主要原因。所謂溫室氣體，是指具有溫室效應的氣體，包括二氧化碳、一氧化二氮、甲烷等。因此，減少二氧化碳為主的溫室氣體排放量，被認為是防止地球暖化的有效手段。

「巴黎協定」是於2015年的第21次聯合國氣候變遷大會（COP21）上達成的共識，加入聯合國氣候變遷綱要公約的196個成員國（台灣並未參加）正致力於防止地球暖化。

2021年的諾貝爾物理學獎是頒發給開發「氣候變遷模型」的普林斯頓大學高級研究員真鍋淑郎博士（1931～）、哈塞爾曼博士（Klaus Hasselmann, 1931～）和帕里西博士（Giorgio Parisi, 1948～）3人。這是個利用電腦模擬來預測地球氣候的數值模型。

如前所述，目前全世界普遍認為溫室氣體的濃度上升是導致地球暖化的主因。

全球第一個利用結合三維的大氣和海洋的氣候變遷模型進行預

溫室效應導致地球暖化而受到影響的動物

世界自然基金會的調查顯示，地球暖化導致北極熊的生存數量正在減少。暖化造成北極圈的冰層提前融化，獵食愈加困難，使得能夠存活下來的北極熊數量持續減少。為了抑制地球暖化，世界各地正實施各種政策。

測的就是真鍋博士等人。他們在1989年的預測準確掌握了隨後實際發生的氣候變遷進程，受到全世界高度的評價，最終獲得諾貝爾物理學獎。

什麼是氣候變遷模型？

具體來說，氣候變遷模型是什麼呢？首先將地球的大小、自轉、從太陽接收的能量、海陸分布、地形和大氣成分等地球的基本特徵輸入到電腦裡。在這些條件下，利用「質量守恆定律」、「動量守恆定律」、「能量守恆定律」和「氣體狀態方程式」這些地球環境中的物理法則進行計算，如此就能預測未來的氣候。

真鍋博士等人開發的早期氣候變遷模型非常簡單，但即使到了大約30年後的今天，全世界的氣象研究團隊仍在不斷改進，得以進行更複雜的計算。

藉助計算結果的比較和觀測數據進行調整，以提高準確度。

根據真鍋博士等人開發的氣候變遷模型，人們得知溫室氣體排放量的增加可能會導致地球暖化。因此，後來的氣候變遷模型中，二氧化碳所產生的溫室效應也納入計算。

透過這些方式，人們開始能夠預測大氣中的溫室氣體濃度上升多少，會對地球暖化帶來多大的影響。

因此，氣候變遷模型如今已成為致力於防止地球暖化的重要工具，其背後全賴電腦模擬等先進計算科學的支持。

2 隱藏於生活中的數學素養

我們的日常生活與數學密不可分。例如，購物時的折扣率、點數回饋率、彩券中獎機率或期望值、人壽保險的保費和資產管理等，數學在各方面都發揮著重要作用。經由解讀這些數學原理，可以加深我們對數學的知識和素養。第2章將會一一揭開隱藏在日常生活中的數學趣味。

- 30　結帳的等待時間
- 32　陽性的機率
- 34　網路購物
- 36　彩券的期望值
- 38　隱藏在購物中的數學
- 40　隱藏在旅行中的數學
- 42　隱藏在節約中的數學
- 44　隱藏在影印紙中的數學
- 46　隱藏在減肥中的數學
- 48　隱藏在等待中的數學
- 50　隱藏在人壽保險中的數學

協助　今野紀雄

| 結帳的等待時間 | # 將兩個收銀台減為一個，顧客等待結帳的時間會變成兩倍？

某家超市有兩個收銀台，負責收銀台的2名店員平均可以1分鐘完成1位顧客的結帳，換句話說，10分鐘內平均可以完成10位顧客的結帳。已知這家超市大概每10分鐘會有8位顧客排隊結帳，顧客會平均分散到2個收銀台，也就是一個收銀台有4位顧客在排隊等待。

總是想著節省人事費用的店長在心中盤算「就算少了1個結帳的店員，顧客等待的時間應該也只會增加2倍吧。好，那就減少1個結帳的店員吧。」試問這位店長的盤算是否正確？

結帳的店員從2人減為1人，顧客的等待時間會變成2倍？

在思考這類問題的時候，最好計算一下店員的「勞動率」和「平均等待時間」。勞動率代表店員的忙碌程度，可以用一定時間內排隊結帳的顧客數量，除以一定時間內店員可以處理的顧客數量來表示（見下方公式）。勞動率的值愈大，代表店員愈忙碌。

使用這個公式進行計算，當店員為2人時，每位店員的勞動率為0.4；當店員為1人時，勞動率為0.8。

接下來，讓我們使用勞動率來計算顧客排隊等候結帳的「平均等待時間」（見下方公式）。使用公式進行計算，當店員為2人時，顧客等候結帳的平均等待時間約0.67分鐘；當店員為1人時，顧客等候結帳的平均等待時間為4分鐘。換言之，當店員為1人時，顧客平均等待時間會遠遠超過店員為2人時之等待時間（約0.67分鐘）的2倍（約1.34分鐘）。

由此可見，一旦勞動率增加到某個程度，等待時間將會出現大幅拉長這種奇妙的現象（見下方圖表）。

勞動率（結帳時）：

$$\frac{一定時間內排隊結帳的顧客數量}{一定時間內可以處理的顧客數量}$$

店員為2人時的每人勞動率：

$$\frac{4}{10} = 0.4$$

店員為1人時的勞動率：

$$\frac{8}{10} = 0.8$$

平均等待時間（結帳時）：

$$\frac{勞動率}{1-勞動率} \times 每人結帳時間$$

店員為2人時的平均等待時間：

$$\frac{0.4}{1-0.4} \times 1（分）≒ 0.67（分）$$

店員只有1人時的平均等待時間：

$$\frac{0.8}{1-0.8} \times 1（分）= 4（分）$$

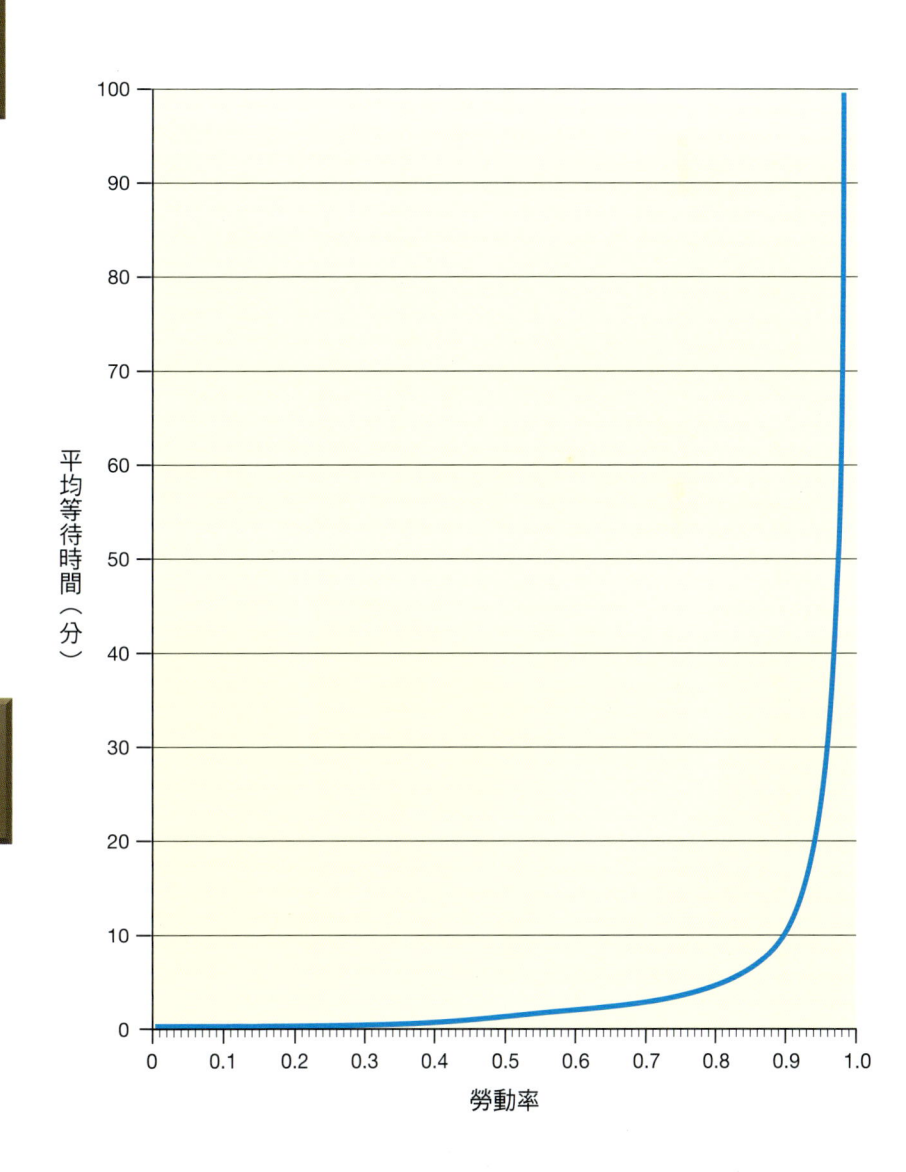

陽性的機率

即使檢測呈現陽性，也有可能未感染病毒

在準確度高達99%的檢測中被判定為陽性，我們都會直覺地認為幾乎可以確定感染了病毒。然而，這種直覺在數學上是錯誤的。

假設有100萬人接受這項檢測。病毒的感染率是每1萬人中有1人，所以100萬人中有100人是感染者。在準確度為99%的檢測中，這100位感染者平均會有99人可正確地判定為「陽性」。然而，剩下的1人會遭誤判為「陰性」（偽陰性）。

另一方面，100萬人中的絕大多數，也就是99萬9900人是未感染者。在準確度99%的檢測中，99萬9900人的99%，也就是98萬9901人會正確地判定為「陰性」。但是，99萬9900人中的1%，也就是9999人會遭誤判為「陽性」（偽陽性）。

最終判定為陽性的總人數為99＋9999＝1萬98人。然而，實際感染病毒的只有99人。這表示遭判定為陽性的人只有1%是感染者。

換言之，即使在這項檢測中遭判定為「陽性」，也不代表馬上就能確定已有感染。在接受檢測之前，感染病毒的機率是0.01%（每1萬人中有1人），而「檢測中被判定為陽性」（＝後來發生的事件）將導致這個機率上升至1%（每100人中有1人），這就是為什麼需要進行「二次檢測」的原因。

病毒感染者的比例是每萬人中有1人。在100萬人中，感染者有100人，未感染者為99萬9900人。

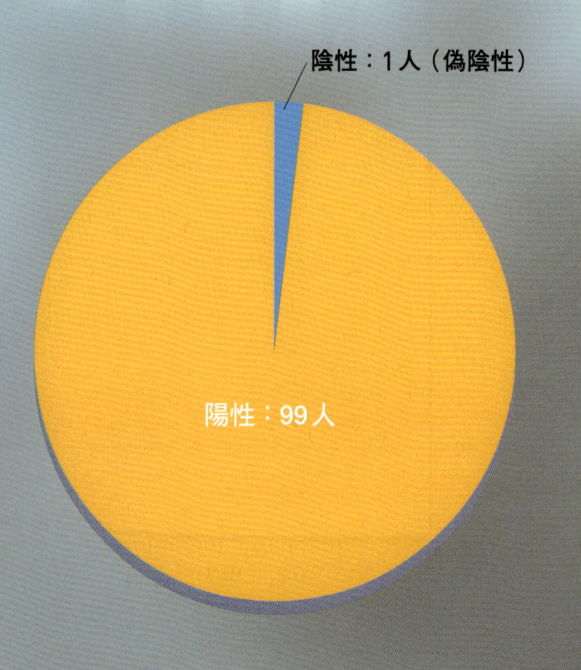

陰性：1人（偽陰性）

陽性：99人

1. 實際上是感染者的檢測結果
「準確度99%」的檢測會正確地將100名實際感染者中的99人判定為「陽性」，其餘1人會被誤判為「陰性（偽陰性）」。

32

2. 實際上是未感染者的檢測結果

「準確度99％」的檢測會正確地將99萬9900名未感染者中的98萬9901人判定為「陰性」，其餘9999人會被誤判為「陽性（偽陽性）」。

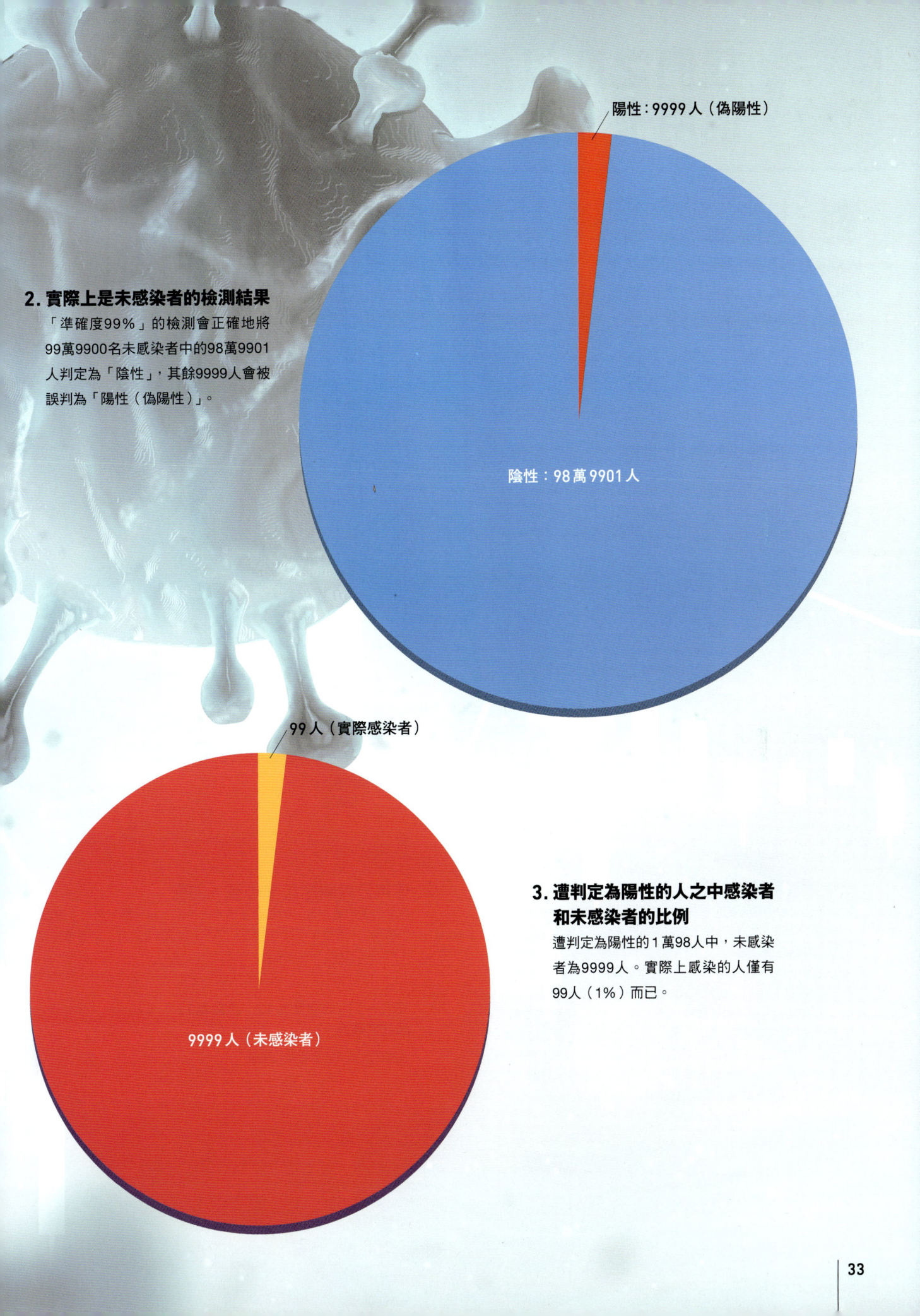

陽性：9999人（偽陽性）

陰性：98萬9901人

99人（實際感染者）

9999人（未感染者）

3. 遭判定為陽性的人之中感染者和未感染者的比例

遭判定為陽性的1萬98人中，未感染者為9999人。實際上感染的人僅有99人（1％）而已。

網路購物

我們之所以能在網路購物時使用信用卡，都要歸功於巨大質數

對大數字進行質因數分解是非常耗時的一件事，因為只能夠一個個檢查，即便是使用電腦也是如此。要從巨大的整數中區分出質數，需要耗費大量的時間。

正是這種質數難以辨別的特性，使其可以作為「鑰匙」有效地利用，其中一個例子就是在網路上加密和傳送資料時所使用的「RSA加密」。RSA這個名稱是取自發明這種加密法的「R. L. Rivest、A. Shamir、L. Adleman」這三個人的名字。

兩個巨大的質數相乘後很難還原成原始的質數

例如，我們在網路上購物時，

信用卡卡號以加密形式傳送出去的方法

網路商店的使用者使用「公鑰」將信用卡卡號加密後傳送出去（**1～3**），收到加密資料的網路商店使用「私鑰」將加密資料還原為信用卡卡號（**4**）。

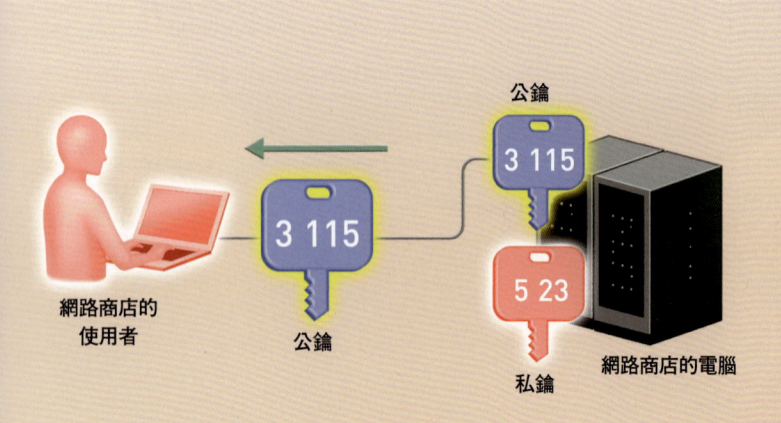

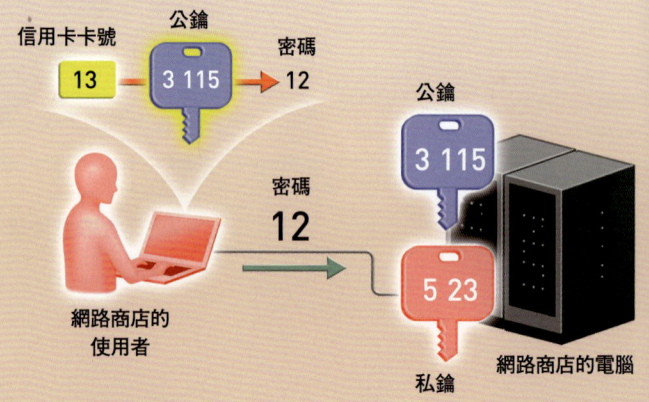

1. 使用者取得「公鑰」

網路商店的使用者從店家的電腦取得「公鑰」。公鑰是由 m（這裡是3）和 n（這裡是115）這兩個整數組成，任何人都可以從店家的電腦取得公鑰。

店家的電腦除了公鑰外，還有不會公開的「私鑰」。私鑰是由 p（這裡是5）和 q（這裡是23）這兩個巨大的質數組成。

公鑰的 n（115）與私鑰的 p（5）和 q（23）之間，存在著「p 和 q 的乘積等於 n」的關係。為了防止從公鑰的 n 推測出私鑰的 p 和 q，p 和 q 必須使用巨大的質數。兩個巨大質數相乘得到的超巨大整數，經由質因數分解還原成原始的兩個巨大質數，在實務上是不可能做到的，加密就是利用這樣的原理。

2. 使用公鑰將信用卡卡號「加密」

店家的使用者在自己的電腦上使用取得的公鑰，將信用卡卡號轉換為「密碼」。信用卡卡號 G（13）進行 m 次方（3次方）計算後，除以 n（115）的餘數，即為密碼 X（12）。

13^3 ÷ 115 的商數為19，餘數為12
因此密碼為12

這個密碼將傳送至店家的電腦。

註：公鑰的 m（3）是選擇與右頁第4點中的 S（88）沒有共同因數的數字。

34

有時會需要輸入信用卡卡號。這個卡號數字會在使用者的電腦中進行RSA加密後才傳送出去。

加密信用卡卡號時使用的是兩個整數組成的「公鑰」，它是由店家的電腦產生，任何人都能取得。另一方面，將密碼還原成信用卡卡號時，使用的是保存在店家電腦上、由兩個巨大質數組成的「私鑰」。

公鑰的其中一個整數，即是私鑰的兩個巨大質數的乘積。將兩個巨大質數相乘後得到的超巨大整數進行質因數分解，還原成原始的兩個巨大質數，實際上是不可能做到的。RSA加密正是利用這一點來製作公鑰和私鑰（詳細內容參考下方圖示）。

不光是網際網路，電視的付費節目、國家機密情報的通訊等，都會使用以質數計算的加密法。看似難以辨別的質數特性，在看不見的地方默默地支撐著我們的生活。

※：目前RSA加密所使用的兩個巨大質數約有300位數，而這兩個巨大質數的乘積是約600位數的整數。包含在這600位數整數的平方根，也就是約300位數內的質數數量，約為$1.45×10^{297}$個。即便是超級電腦，將$1.45×10^{297}$個質數一個個除以這600位數的整數，以確認是否有餘數，估計也需要花上約10^{273}年的時間。

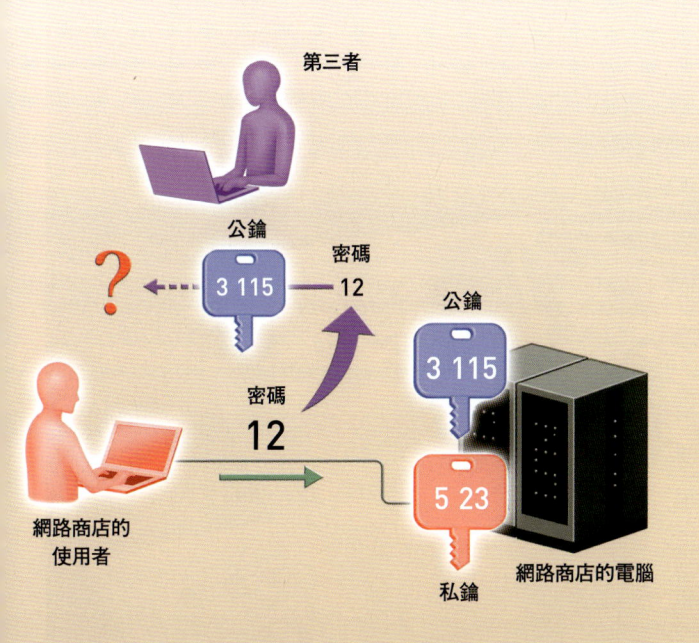

註：私鑰通常是指事先計算好的 D（59）。為了方便大家理解兩個巨大質數 p 和 q 的作用，這裡用 p（5）和 q（23）來表示私鑰。

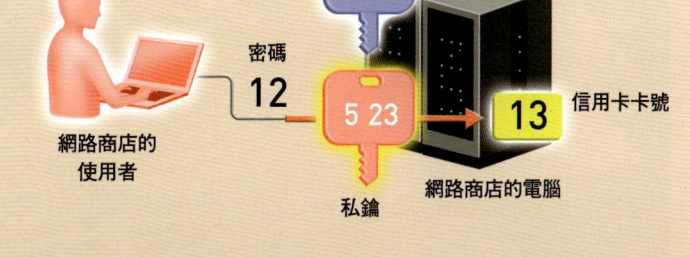

3. 使用公鑰將密碼還原為信用卡卡號，這在實務上是不可能做到的

密碼在傳輸過程中有可能被懷有惡意的第三者攔截。然而，要使用公鑰將密碼還原為信用卡卡號是極其困難的一件事，因為只能經由逐一嘗試每個數字來尋找進行 m 次方（3次方）運算並除以 n（115）後的餘數為密碼 X（12）的數字（信用卡卡號 G）。使用這種方法還原信用卡卡號需要耗費龐大的計算時間。

1^3 ÷ 115 的商為 0，餘數為 1
2^3 ÷ 115 的商為 0，餘數為 8
3^3 ÷ 115 的商為 0，餘數為 27
4^3 ÷ 115 的商為 0，餘數為 64
5^3 ÷ 115 的商為 1，餘數為 10
⋮

註：實際的信用卡卡號 G 是由14到16位數字組成，而 n 是約600位數的巨大整數，因此需要耗費大量時間進行計算。

4. 使用「私鑰」將密碼還原為信用卡卡號

店家的電腦收到密碼後，會使用「私鑰」將其還原為信用卡卡號。私鑰是由 p（5）和 q（23）這2個數字組成。使用 p（5）和 q（23）來計算，就能得到信用卡卡號 G（13）。計算過程有點複雜，下面簡單介紹一下。

首先計算「$p-1$」（4）與「$q-1$」（22）的乘積 S（88）。利用「輾轉相除法」計算出乘以公鑰的 m（3）再除以 S（88）後餘數為1的數字 D（59）。這麼一來，將密碼 X（12）的 D 次方（59次方）除以公鑰的 n（115），得到的餘數即為信用卡卡號 G（13）。

「5-1」和「23-1」的乘積為88
$D×3÷88$ 的商為 A，餘數為1
（88的 A 倍加上1的數字為 $D×3$）
D 為 59
$12^{59}÷115$ 的餘數為 13
信用卡卡號為 13

彩券的期望值

「連號」與「散號」的彩券期望值是多少？

在日本購買多張彩券時，可以選擇號碼連續的「連號」或號碼不連續的「散號」。

這時問題來了。以簡單的設定為例，假設總共只有賣5張彩券，彩券號碼分別為1到5。頭獎的獎金為1000元，前後獎（※譯註：頭獎尾數±1的號碼）的獎金為500元。除此之外都是槓龜。另外，如果頭獎號碼為1，那麼前後獎就是2和5。

在這種情況下，購買3張連號和3張散號（機率相等），哪種買法的中獎期望值（機率上期待的數值）比較高？

結論是，無論購買連號或散號，期望值都是相同的。

假設彩券號碼 1 為頭獎，前後獎是 2 和 5。這時，購買 3 張連號或散號的彩券組合及中獎金額如右表所示。分別計算購買連號和散號兩種情況的期望值，結果如下。

連號的期望值為：

$$\frac{1500+500+500+1500+2000}{5}=1200$$

散號的期望值為：

$$\frac{1500+1500+2000+1000+1500+1500+500+1000+1000+500}{10}$$

$$=1200$$

因此，兩種買法的期望值都相同。

此外，購買 m 張銷售數量 N 的彩券時，連號和散號的期望值也同樣一致。

購買連號時

彩券號碼	中獎類型	獎金總額
1 2 3	頭獎 ＋ 前後獎	1500元
2 3 4	前後獎	500元
3 4 5	前後獎	500元
4 5 1	頭獎 ＋ 前後獎	1500元
5 1 2	頭獎 ＋ 前後獎 × 2	2000元

購買散號時

彩券號碼	中獎類型	獎金總額
1 2 3	頭獎 ＋ 前後獎	1500元
1 2 4	頭獎 ＋ 前後獎	1500元
1 2 5	頭獎＋ 前後獎 × 2	2000元
1 3 4	頭獎	1000元
1 3 5	頭獎 ＋ 前後獎	1500元
1 4 5	頭獎 ＋ 前後獎	1500元
2 3 4	前後獎	500元
2 3 5	前後獎 × 2	1000元
2 4 5	前後獎 × 2	1000元
3 4 5	前後獎	500元

隱藏在購物中的數學

如何在預算範圍內平衡地購買「桃子」和「橘子」？

有一種可以在既定預算內尋求最大利益的方法，叫做「線性規劃」，這種方法也可以應用於購物上。例如，當思考「怎樣的組合才能用1000元的預算購買喜歡的水果」時，這種方法就能派上用場。

簡單起見，這裡假設有兩種水果，分別是每顆100元的桃子和每顆50元的橘子。在「希望儘可能平衡地買到最多」的條件下，應該分別買幾個比較恰當。

首先將100元的桃子和50元的橘子之組合方式都列舉出來，如下圖所示。

桃子和橘子應該各買多少個比較恰當？

因為「希望能平衡地購買」，所以選擇7顆桃子和6顆橘子，一共購買13顆應該符合我們的需求。另一方面，雖然希望能平衡地購買，但也「想儘可能地買到最多」，看起來選擇6顆桃子和8顆橘子，一共購買14顆會比較合適。

在只考慮桃子和橘子的單純情況下，列舉所有的組合方式相對容易得多。然而，當預算增加或選擇增加時，列舉所有的組合方式就會變得相當麻煩。這時可以藉助線性規劃，使用數學公式和圖表來思考這

利用線性規劃進行預算分配

線性規劃是一種在既定預算內尋求利益最大化的方法。它主要用於提高生產效率等，但也可應用在購物上。藉由圖表化的方式就能理解如何讓利益最大化，可說是線性規劃的一大優點。

桃子數量	橘子數量	合計
0	20	20
1	18	19
2	16	18
3	14	17
4	12	16
5	10	15
6	8	14
7	6	13
8	4	12
9	2	11
10	0	10

這張表格顯示桃子和橘子所有的組合方式。若想平均購買，7顆桃子和6顆橘子似乎是最佳選擇。

個問題。

下面讓我們利用線性規劃，以圖解的方式來解釋如何以1000元的預算，購買每顆100元的桃子和每顆50元的橘子之最佳組合。

首先用x表示「購買的桃子數量」，y表示「購買的橘子數量」。兩者都必須是0以上，因此$x≧0$，$y≧0$。此外，每顆桃子為100元，每顆橘子為50元，因此購買金額為$100x+50y$。

總金額不得超過1000元的預算，因此$100x+50y≦1000$這個不等式成立。這裡為了簡化方程式，我們將兩邊除以10，得到$10x+5y≦100$。

藉助視覺化理解所需答案的線性規劃

下面讓我們思考如何將「平均購買桃子和橘子」這個概念轉換為數學公式。例如，若「希望桃子和橘子的差距在2顆以內」，那麼就必須滿足不等式$x-y≦2$和$y-x≦2$。

接下來試著在座標平面上描繪出滿足所有不等式的區域，這塊區域即是包含邊界的深色部分（圖1）。

在滿足這些不等式條件的前提下，思考「儘可能買到最多」的情況。也就是「讓「$x+y$最大」。假設$x+y=k$，這時只需找到使k最大化的x和y。

綜上所述，我們只要找到$10x+5y=100$和直線$y-x=2$的交點即可（圖2）。因此，這裡要解聯立方程式$10x+5y=100$和$y-x=2$。實際解出後，得到$x=6$，$y=8$。因此「6顆桃子，8顆橘子，一共14顆」就是我們要的答案（圖3）。

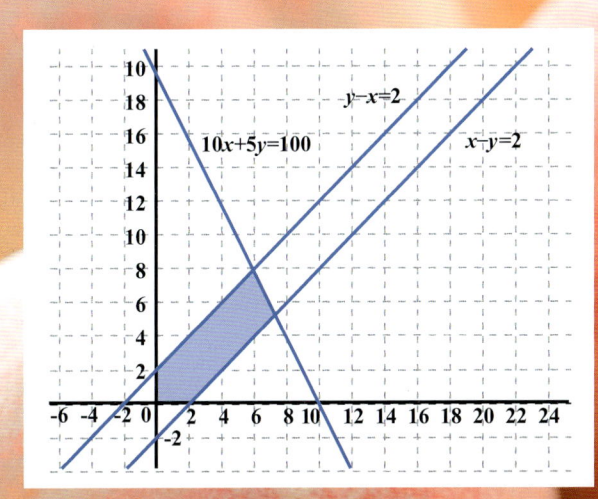

圖1 希望桃子和橘子的差距在2顆以內時的預算範圍（深色部分）。

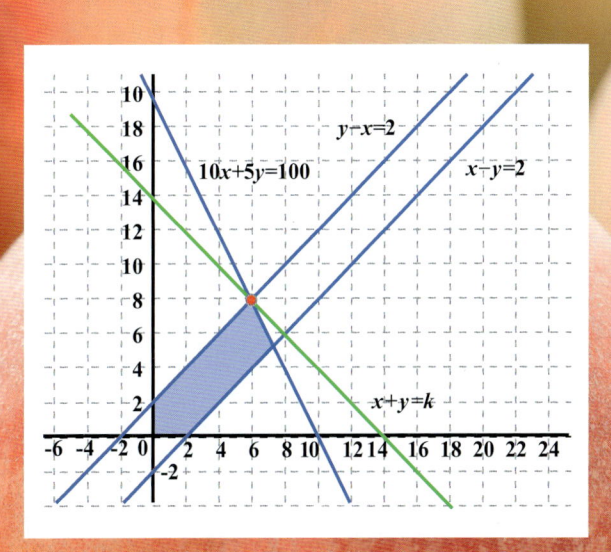

圖2 若要讓桃子和橘子的差距在2顆以內，並且儘可能買到最多，需要找出$10x+5y=100$和直線$y-x=2$的交點（紅點）。

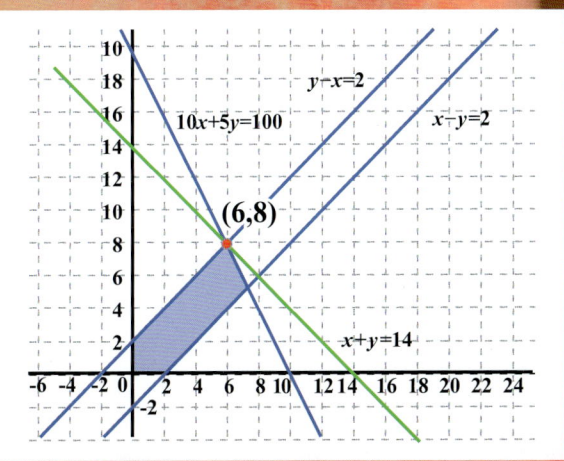

圖3 解聯立方程式$10x+5y=100$和$y-x=2$，得到$x=6$，$y=8$。因此答案是「6顆桃子，8顆橘子，一共14顆」。

思考遍覽名勝古蹟的方法，方便的一筆畫問題

隱藏在旅行中的數學

京都的嵯峨野遍布有許多名勝古蹟，很多遊客都是用徒步的方式遊覽。參訪時要如何安排順序和路線，才能避免重複經過同一條路且也遍覽所有的名勝古蹟呢？

這時候，「一筆畫問題」就能派上用場。能否用一條連續的線，將由點和線構成的圖形描繪出來，就是所謂的一筆畫問題。

這裡將名勝古蹟視為點，連結各景點的道路視為線，將參觀名勝古蹟的順序轉換成一筆畫問題來思考。

像圖1的柯尼斯堡七橋問題（Seven Bridges of Königsberg）一樣，如果要用一筆畫的方式回到出發點（起點）的話，必要條件是「從所有點都有偶數條線出入」；如果起點和終點不同，則必要條件是「起點和終點有奇數條線出入，其餘的點有偶數條線出入」。

一筆畫問題與拓撲學

瑞士的天才數學家歐拉（Leonhard Euler，1707～1783）於1736年用數學證明了這一點。據說歐拉從「柯尼斯堡

七橋問題」獲得靈感，繼而發現一筆畫問題。在1700年代到1945年，歐洲波羅的海南岸的東普魯士，有一座名為柯尼斯堡的城市〔現為俄羅斯的外飛地（exclave）加里寧格勒〕。

有一條大河流經這座城市的中心，注入波羅的海。河中的沙洲有一座教堂，若要前往那座教堂，必須通過周圍七座橋樑的其中一座（圖1）。

有一次，當地居民提出這樣的問題：「有沒有可能從某一點出發，七座橋全都走過一次，最後回到起點呢？」對此，歐拉將柯尼斯堡的道路簡化，將其歸結為一筆畫問題（圖2）。這種思維方式成為第5章的「拓撲學」這個新數學領域的起點。

超級電腦也難以解決的行銷員問題

此外，用有限個點和有限條線連接而成的圖形稱為「圖」（graph），探討這種圖的理論稱為「圖論」（graph theory），而「行銷員問題」（travelling salesman problem）就是圖論中經常出現的問題。內容是某個行銷員從公司出發，每條路線只經過一次，拜訪好幾個客戶，最後返回公司，也就是找出「最短路徑」的問題。當客戶數量不多時，找出最短路徑相對容易，但隨著客戶數量增加，行銷路線的數量就會呈現爆炸性增長。這樣的問題，縱然使用世界上最快的超級電腦，也難以在合理的時間內找到答案。

旅遊的時候，在享受參觀名勝古蹟的樂趣之餘，不妨順便思考一下一筆畫問題和行銷員問題。

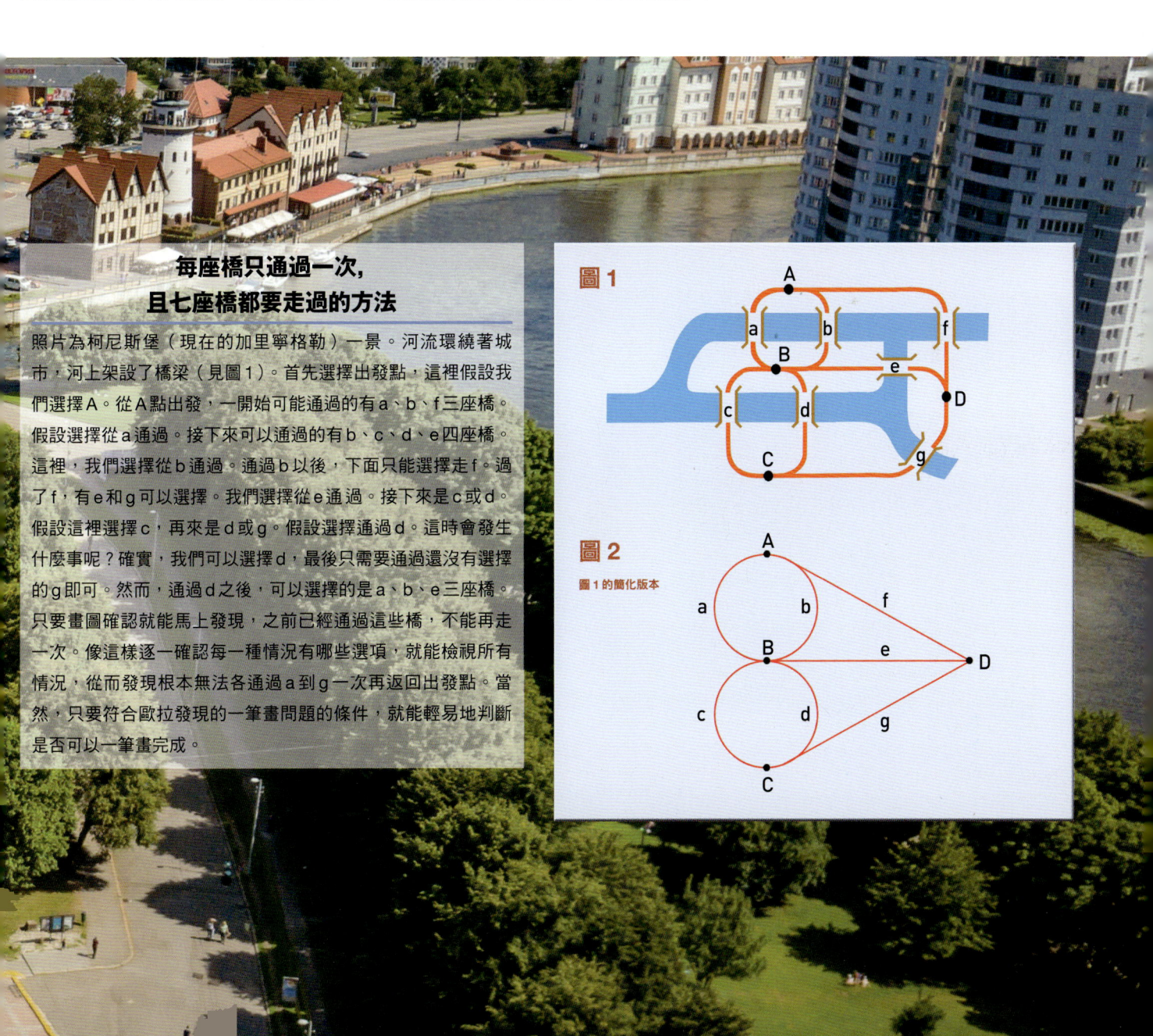

每座橋只通過一次，且七座橋都要走過的方法

照片為柯尼斯堡（現在的加里寧格勒）一景。河流環繞著城市，河上架設了橋梁（見圖1）。首先選擇出發點，這裡假設我們選擇A。從A點出發，一開始可能通過的有a、b、f三座橋。假設選擇從a通過。接下來可以通過的有b、c、d、e四座橋。這裡，我們選擇從b通過。通過b以後，下面只能選擇走f。過了f，有e和g可以選擇。我們選擇從e通過。接下來是c或d。假設這裡選擇c，再來是d或g。假設選擇通過d。這時會發生什麼事呢？確實，我們可以選擇d，最後只需要通過還沒有選擇的g即可。然而，通過d之後，可以選擇的是a、b、e三座橋。只要畫圖確認就能馬上發現，之前已經通過這些橋，不能再走一次。像這樣逐一確認每一種情況有哪些選項，就能檢視所有情況，從而發現根本無法各通過a到g一次再返回出發點。當然，只要符合歐拉發現的一筆畫問題的條件，就能輕易地判斷是否可以一筆畫完成。

圖1

圖2
圖1的簡化版本

隱藏在節約中的數學

折扣和點數回饋哪個更划算？
讓我們從數學的角度來思考

去超市購物時，我們經常會看到「每月1日有10%的點數回饋」之類的橫幅廣告。另一方面，有時到了傍晚也會聽到「現在結帳即享有10%折扣的限時特賣！」之類的店內廣播。

大家知道嗎？「10%的點數回饋」和「限時特賣的10%折扣」，其實划算程度是不一樣的。

舉例來說，如果購買10件單價1000元的商品，試著思考一下在「10%折扣」和「10%點數回饋」之間有何差異。

10件商品的價格是1000×10＝10000元。如果是10%的折扣，折扣為10000×0.1＝1000元，因此可以用10000－1000＝

如果點數回饋率是100%呢？

與折扣相比，點數回饋率愈高，感覺愈不划算。假設點數回饋率為100%，如果購買10件單價1000元的商品，為了充分利用好不容易得到的10000點數，必須購買20件商品。將其換算成折扣率，想不到竟然只有50%的折扣。

9000元購買。

數值愈大，折扣率就愈低

另一方面，如果是10％的點數回饋，這10件商品的支付金額為10000元，同時回饋相當於10000×0.1＝1000元的點數。然而，除非再購買一件商品並使用點數，否則無法享受折扣。

試著計算10％折扣和10％點數回饋的每件商品價格，其結果如下。

如果是10％的折扣，每件商品的價格為9000÷10＝900；如果是10％的點數回饋，每件商品的價格為10000÷11≒909.1元。由此可以看出，10％的折扣比10％的點數回饋要略為划算一些。

此外，點數回饋率看似愈高愈划算，但實際上點數回饋率愈高，反而比折扣更不划算。

舉例來說，將20％的點數回饋率換算成每件商品的折扣率，得到16.667％，與20％的折扣差了一大截。因此，折扣比點數回饋還要划算。

隱藏在影印紙中的數學

為什麼影印紙的尺寸使用起來很方便？

大家知道學校用來作為考卷的A、B尺寸影印紙是如何決定大小的嗎？人類認為美麗的比例，以「黃金比例」（參照第124頁）最著名。另一方面，日本有一個自古就普受人們喜愛的比例，叫做「白銀比例」，即為「$\sqrt{2}:1$」這個比例。

換算成整數，大約是7：5。

$\sqrt{2}$是邊長為1的正方形之對角線長度，也可說是短邊長度為1的直角等腰三角形的斜邊長度。

事實上，影印紙A、B尺寸的長寬比就是白銀比例。這個$\sqrt{2}:1$的長寬比，是假設長方形的長為a、寬為b時，計算滿足$a:b=\frac{b}{2}:a$的值而得。

日本木匠將白銀比例視為「神的比例」，廣泛應用於法隆寺的五重塔、伊勢神宮等特殊意義的建築物，因此也有「大和比例」之稱。

眾所周知，東京晴空塔的塔高為634公尺，展望迴廊的高度約450公尺，這個比例非常接近$\sqrt{2}:1$的白銀比例。

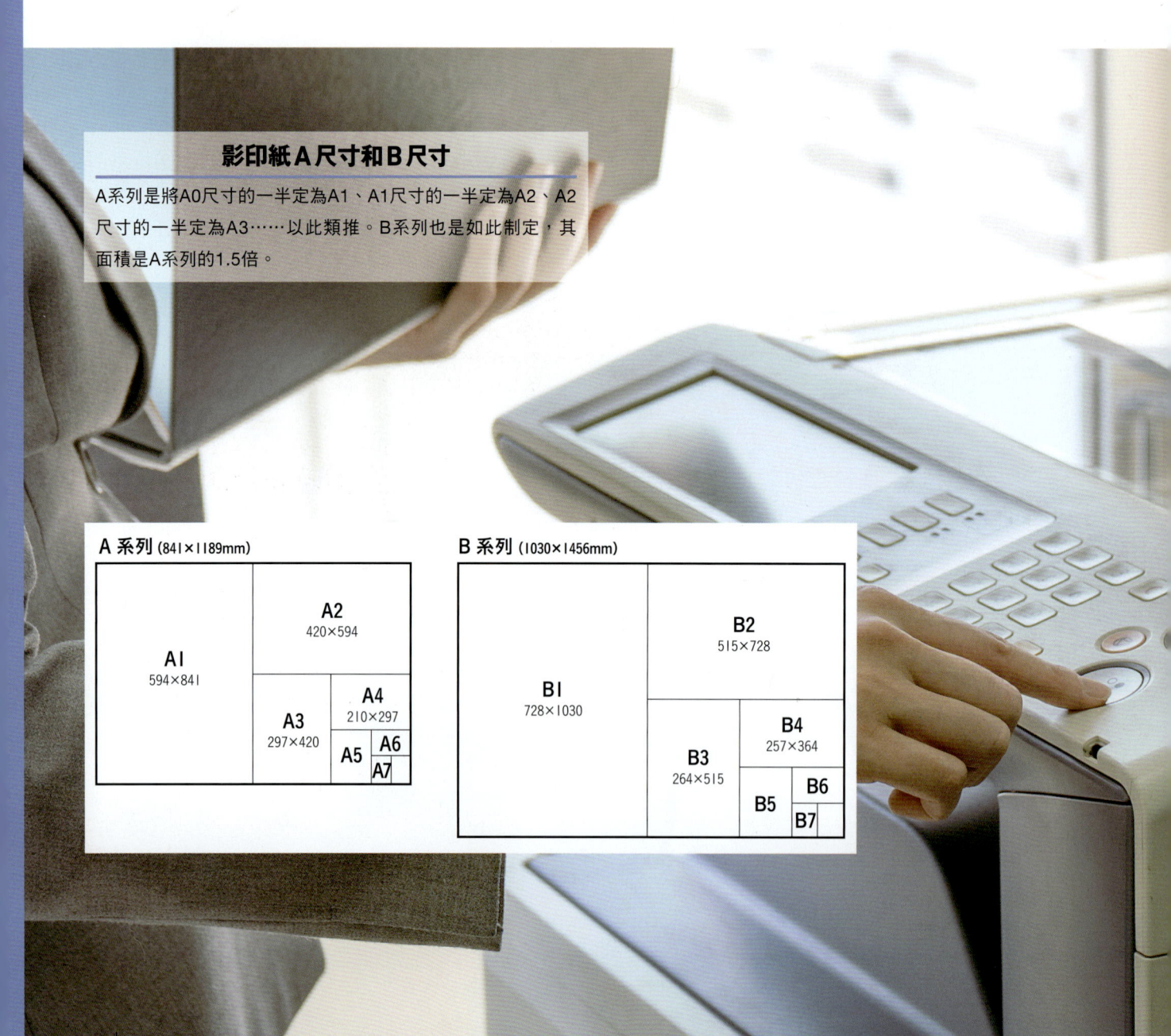

影印紙A尺寸和B尺寸

A系列是將A0尺寸的一半定為A1、A1尺寸的一半定為A2、A2尺寸的一半定為A3……以此類推。B系列也是如此制定，其面積是A系列的1.5倍。

A 系列 (841×1189mm)

- A1 594×841
- A2 420×594
- A3 297×420
- A4 210×297
- A5
- A6
- A7

B 系列 (1030×1456mm)

- B1 728×1030
- B2 515×728
- B3 264×515
- B4 257×364
- B5
- B6
- B7

影印紙採用白銀比例的原因

影印紙之所以會採用白銀比例，是因為它不僅外觀美觀，還具有高度的功能性。以白銀比例的長方形為例，其大小無論如何減半，變成2分之1、4分之1、8分之1……長寬比依然始終是白銀比例。即使紙張大小不斷減半，也能維持白銀比例，而不會產生浪費，這就是它的合理性。除了白銀比例之外，沒有其他比例具有這樣的特徵。

讓我們經由計算來確認這一點。假設$\sqrt{2}:1=1:x$，經過計算得到$x=\frac{\sqrt{2}}{2}$，長度確實是$\sqrt{2}$的一半。

白銀比例被定為日本的紙張標準規格

由於白銀比例的這種高度功能性，江戶時代後期的洒落本作家大田南畝在其著作《半日閑話》中就曾寫道：「日本的紙張標準應該採用白銀比例。」

附帶一提，日本是在1929年制定了紙張尺寸的標準。在調查各國的例子後，日本採用了符合白銀比例的德國A系列紙張尺寸，與以江戶時代的官方用紙「美濃判」為基礎制定的B系列紙張尺寸，並將這兩種白銀比例的尺寸定為日本的紙張標準規格。

台灣目前使用的紙張規格乃採國際標準（ISO 216），A、B全紙的尺寸分別是841毫米×1189毫米以及1000毫米×1414毫米。

從統計學的角度來判斷減肥是否有效

隱藏在減肥中的數學？

若要調查某種減肥方法是否有效，統計學的思維或許很有助益。

例如，假設健康器材在廣告中打著這樣的宣傳，「每天使用商品A進行訓練的人，身體質量指數（BMI）的值比沒有進行訓練的人平均低了2點。」這時，我們可以認為「商品A具有降低BMI值的效果」嗎？

首先，最重要的是要確認每天使用商品A進行訓練和沒有使用商品A的群體，兩者之間的BMI平均值之差是否具有統計上的顯著性。

如果這個差值不具統計上的顯著性，就不能從科學的角度說商品A具有降低BMI值的效果。

有種方法可以檢驗兩個群體的平均值之差是否具有統計上的顯著性，叫做「t檢定」。檢定是一種根據機率推導結果的方法。

在統計學中，「常態分布」是最重要的分布型態。這是以平均值為中心且呈現左右對稱的山形資料分布。

我們生活周遭的各種現象都可以看到這種分布，例如將學校中學生身高從矮到高依序排列，或者將考試分數從低到高依序排列

統計上的顯著性是什麼？

「統計上的顯著性」是指某個假設與實際觀察到的結果之間的差異並非誤差的意思。舉例來說，如果要驗證某種治療藥的效果，可以比較服用假治療藥和服用真治療藥的群組之間，症狀獲得改善的人數。接著計算兩者之差為偶然的機率，如果機率偏低，就可以說在統計上具有顯著性。

等等。常態分布是法國數學家棣美弗（Abraham de Moivre，1667～1754）所發現的。

調查是否具有統計顯著性的 t 檢定

常態分布的曲線是由資料的「平均值」和「標準差」（或「變異數」）這兩個特徵值來決定。

標準差代表資料的分散程度，標準差愈小，圖形愈尖銳；標準差愈大，圖形愈平緩。

相比之下，t 檢定是指當常態分布的母體（在統計上作為調查或觀察對象的整個群體）的平均值和變異數未知時，使用「t 分布」來推估平均值的一種檢定方法。簡單來說，將數值代入 t 檢定的計算公式，就可以判斷兩個平均值之差是否具有統計上的顯著性。

其實 t 檢定乃源自創立於1759年的老牌企業健力士啤酒的釀造廠。1899年，經健力士啤酒釀造廠延聘為釀酒工程師的高斯特（William Gosset，1876～1937），在研究啤酒原料與品質之間的關係時，發明了t檢定。

學生時代的高斯特在牛津大學主修數學和化學，後來他充分運用統計學的知識，在健力士啤酒公司進行釀造和改良大麥的基礎研究。1906～1907年，高斯特為了找出從小樣本中獲得準確統計的方法，於是到倫敦大學學院的數理統計學家皮爾森（Karl Pearson，1857～1936）教授的研究室進行研究，從而發明t檢定。

判斷是否具有統計顯著性的觀點相當重要，為了避免被廣告台詞或宣傳口號所迷惑，學習包括統計學在內的數學知識是非常有幫助的一件事。

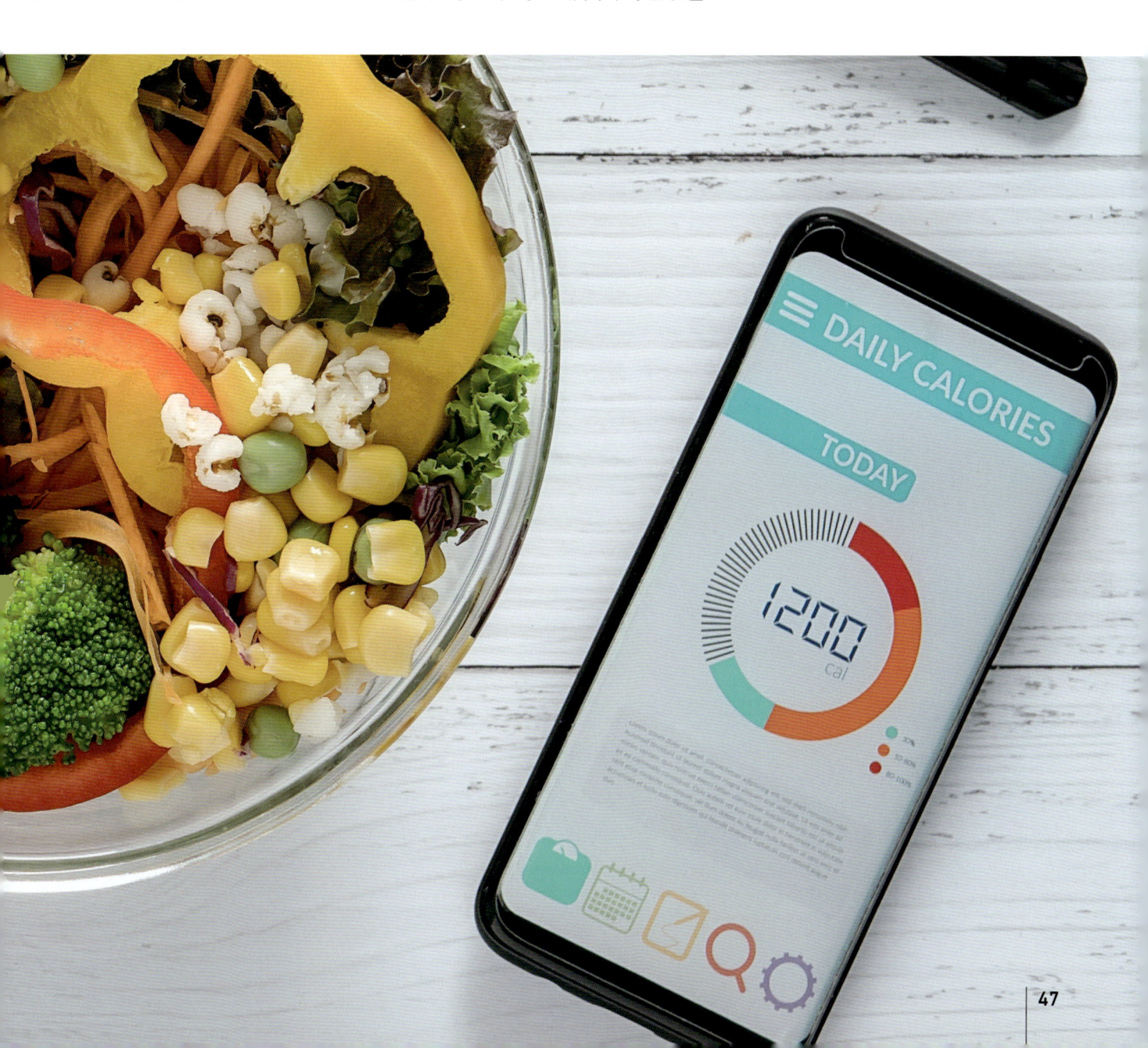

隱藏在等待中的數學

利用數學推測公車何時到達

假設跟朋友相約會晤，打算搭乘公車前往約定的地點。已知公車每10分鐘會來一班，那麼需要花多久的時間等公車呢？

這時「機率密度函數」的概念就能派上用場。假設有一個可以取各種數值的變數 x，取每個值的機率都是固定的。這時，x 就稱為「隨機變數」（random variable）。例如擲一顆骰子，擲出的點數用 x 表示，那麼 x 就是隨機變數。

另外，x 是1到6之間的任意整數，每個數字出現的機率都是

離散隨機變數與連續隨機變數

假設隨機變數 x 的可能值為 x_1、x_2、x_3……，x 是 x_1 的機率為 p_1、是 x_2 的機率為 p_2、是 x_3 的機率為 p_3……，則 $p_1+p_2+p_3$……＝1。跟骰子的點數一樣，當 x 是取自離散值的隨機變數時，就叫做「離散隨機變數」；相對地，取自某段區間（無限區間也可以）內連續值的隨機變數，就稱為「連續隨機變數」。

$\frac{1}{6}$。像這樣取自離散值的隨機變數,在隨機變數中特別稱為「離散隨機變數」(discrete random variable)。

用面積來表示機率的概念

那麼,讓我們思考一下等公車的時間。時間跟骰子的點數不同,會以1分鐘、2分鐘、3分鐘……的連續性慢慢流逝。像等公車的時間一樣取自連續的隨機變數稱為「連續隨機變數」(continuous random variable)。0到10分鐘的所有值發生機率都相同,畫出來的圖表如下圖所示。計算藍色部分的面積,得到 $\frac{1}{10} \times 10 = 1$(所有機率加起來等於1),這個 $\frac{1}{10}$ 就是「機率密度」(probability density)。機率密度表示橫軸(等公車的某段時間內)上公車到達機率的相對容易程度。

例如,公車在1分鐘內到達的機率是 $\frac{1}{10}$,5分鐘內到達的機率是 $\frac{5}{10} = \frac{1}{2}$。由於公車每10分鐘來一班,所以愈接近10分鐘,公車到達的可能性就愈高。

公車在0到10分鐘內到達的機率

隱藏在人壽保險中的數學

每月支付的保險費是根據我們的死亡機率計算出來的

在人壽保險中，保險公司收到的總保險費，與支付給已故投保人之受益人的保險總額，兩者間之差額，即為保險公司的利潤。

因此，如果保險費設定得太高，對投保人就沒有吸引力；如果設定得太低，保險公司就會虧損。若想在確保利潤的同時創造具有吸引力的保險商品，必須根據死亡率估計保險總金額，了解至少需要多少保險費。

舉例來說，假設有一份保險，如果在一年的契約期間內死亡的話，就會給付1000萬元。假設

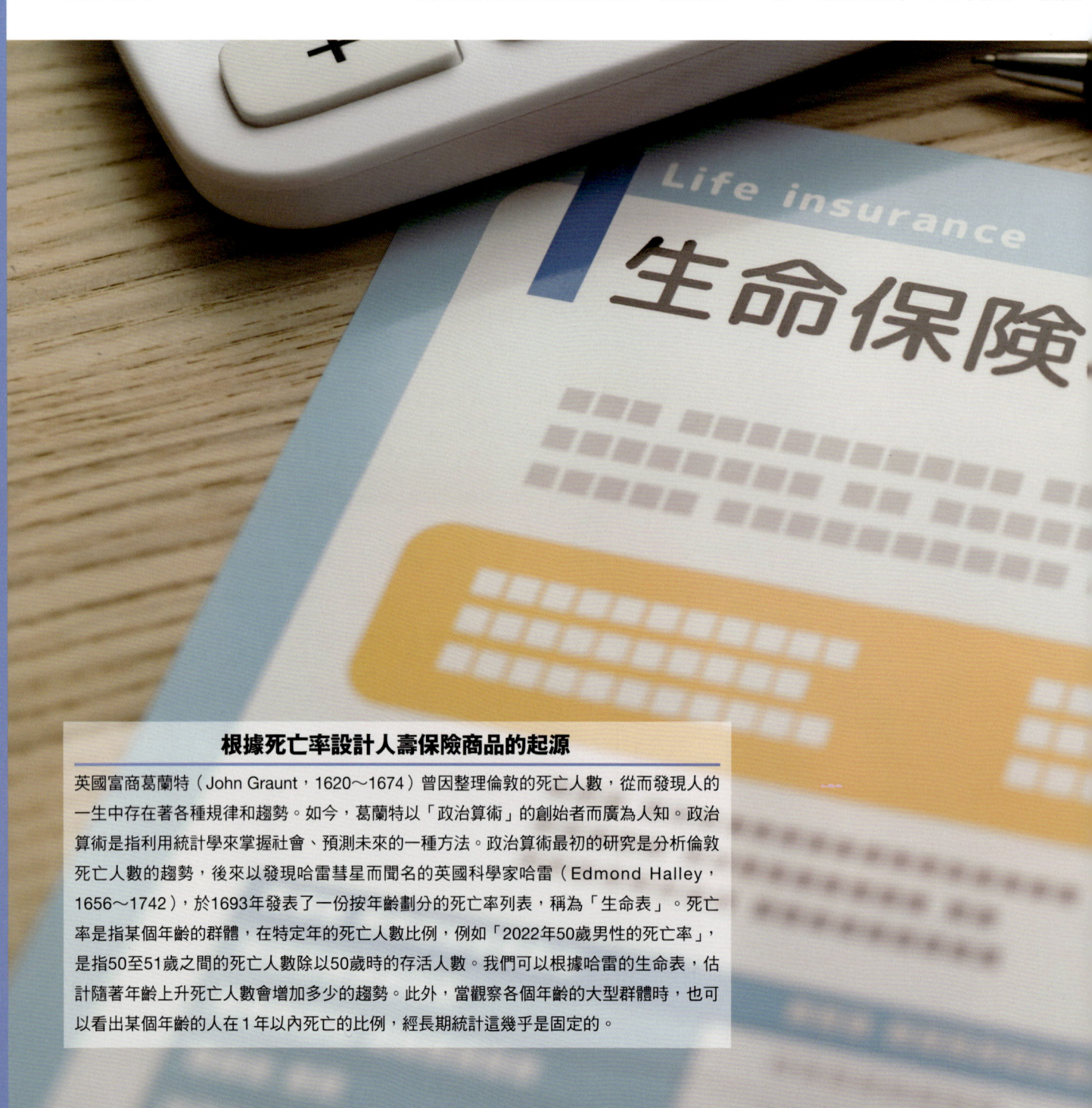

根據死亡率設計人壽保險商品的起源

英國富商葛蘭特（John Graunt，1620～1674）曾因整理倫敦的死亡人數，從而發現人的一生中存在著各種規律和趨勢。如今，葛蘭特以「政治算術」的創始者而廣為人知。政治算術是指利用統計學來掌握社會、預測未來的一種方法。政治算術最初的研究是分析倫敦死亡人數的趨勢，後來以發現哈雷彗星而聞名的英國科學家哈雷（Edmond Halley，1656～1742），於1693年發表了一份按年齡劃分的死亡率列表，稱為「生命表」。死亡率是指某個年齡的群體，在特定年的死亡人數比例，例如「2022年50歲男性的死亡率」，是指50至51歲之間的死亡人數除以50歲時的存活人數。我們可以根據哈雷的生命表，估計隨著年齡上升死亡人數會增加多少的趨勢。此外，當觀察各個年齡的大型群體時，也可以看出某個年齡的人在1年以內死亡的比例，經長期統計這幾乎是固定的。

每個年齡都有10萬人加入這個保險。

根據財團法人日本精算學會計算的各年齡死亡率，以20歲的男性為例，一年的死亡率為0.084%，估計約有84人會死亡。保險公司支付的保險總額為84人×1000萬元＝8億4000萬元。如果不考慮利率及保險公司的開支，這8億4000萬元將由10萬名投保人分擔；也就是說，每位投保人的保險費至少會超過8400元。死亡率會隨著年齡上升而增加，因此保險費會隨著年齡增加而調高。

使用高等數學理論來設計商品

若要確保保險公司的收益，必須根據投保人的年齡和疾病史等多重因素，準確地預測未來。由於物價會變化，因此也必須進行經濟預測等。所以在開發保險商品的時候，都會運用到包括統計學在內的高等數學理論。

在商業領域中，分析和評估未來的風險和不確定性的專業人士，稱為「精算師」。

3 藉益智解謎培養數學思考

說到數學，應該有不少人都會聯想到用筆在紙上不停地計算而感到枯燥乏味，甚至開始討厭數學。然而，即使不做詳細的計算，也能用腦袋仔細思考，充分體會數學的樂趣。

其中特別推薦益智解謎。從古至今，人們創造出許多關於數字和圖形的性質、機率、統計、邏輯等各種數學領域的益智謎題。藉著解開這些謎題的過程，接觸其背後的數學思維，就能在享受樂趣的同時培養數學的思考能力。

本章將介紹許多與數學相關的益智謎題。只要挑戰解開謎題，一定能在不知不覺中培養出對數學的敏銳度。

54	弗羅貝尼烏斯的硬幣交換問題	70	勒洛三角形
56	砝碼問題與二進制	72	正方形的裝箱
58	4張卡片問題	74	費米推論
60	鴿巢原理	76	組合數
62	與直線相切的圓	78	擲硬幣
64	美術館定理	80	西克曼骰子
66	圓的直徑與圓周	82	解答與解說
68	圓周角定理		

監修　今野紀雄

| 弗羅貝尼烏斯的硬幣交換問題 |

日本新幹線的座位有雙人椅和三人椅之分，這樣的安排有什麼優點？

日本新幹線的座位大多是在走道的兩旁配置雙人椅和三人椅。如此設計的最初目的，似乎是為了一口氣運送更多的乘客，但其實這種配置也有數學上的優點。這個優點是什麼呢？

首先讓我們思考與親朋好友等一群人出遊搭乘新幹線的情況。這時，當然沒人希望與不認識的人坐在一起，或者自己一個人坐。

如果是兩個人，就能坐雙人椅；如果是三個人，就能坐三人椅，由自己人獨占整排座椅。如果是4個人，就分別坐前後排的雙人椅；如果是5個人，就分占走道兩旁的雙人椅和三人椅，這樣一整排也是由自己人獨占。

但若是團體人數持續增加，大家還能坐在一起嗎？換言之，我們可以將這個情況改成這樣的問題：「只要能適當地加上2和3這兩個數字，就可以湊成2以上的所有整數嗎？」

如果團體的人數是偶數，很顯然可以根據人數全部安排坐在雙人椅。此外，即使群組的人數是奇數，也能安排3個人坐在一個三人椅，其他人坐在雙人椅，這樣仍然可以剛好讓所有人都坐在一起。換言之，只要有雙人椅和三人椅，那麼不管團體中有多少人（只要超過兩人），就不必跟陌生人坐或獨自一人坐。

「彼此是否互質」是構成所有數字的重點

這個問題改編自所謂的「弗羅貝尼烏斯的硬幣交換問題」，內容在描述「使用給定的幾種硬幣，計算無法支付的最大金額」，乃是以德國數學家弗羅貝尼烏斯（Ferdinand Georg Frobenius，1849～1917）的名字命名。

例如，只使用3元和5元的硬幣，無法湊成的最大金額為7元（參照第82頁圖。現實中不存在3元硬幣，為了方便起見，這裡以「元」作為貨幣單位）。

新幹線問題和弗羅貝尼烏斯的硬幣交換問題，兩者的關鍵在於雙人椅和三人椅、3元和5元等兩個數字是否具備「彼此互質」的關係。彼此互質是指兩個數字不具備共同因數的關係。當兩個數字彼此互質時，可以構建超過特定數字的所有數字。

在弗羅貝尼烏斯的硬幣交換問題中，有A元和B元兩種硬幣，當A和B的幣值彼此互質時，可以得知使用A元硬幣和B元硬幣無法支付的最大金額是
$AB-A-B=\{(A-1)(B-1)-1\}$元。若分別將3和5代入A和B，則上面的答案就是7；假設有3元和5元的硬幣，我們就能支付8元以上的任何金額。

※關於這個問題的詳細說明，請參閱第82頁。

砝碼問題與二進制

怎麼做才能用最少量度別的砝碼測出各種重量？

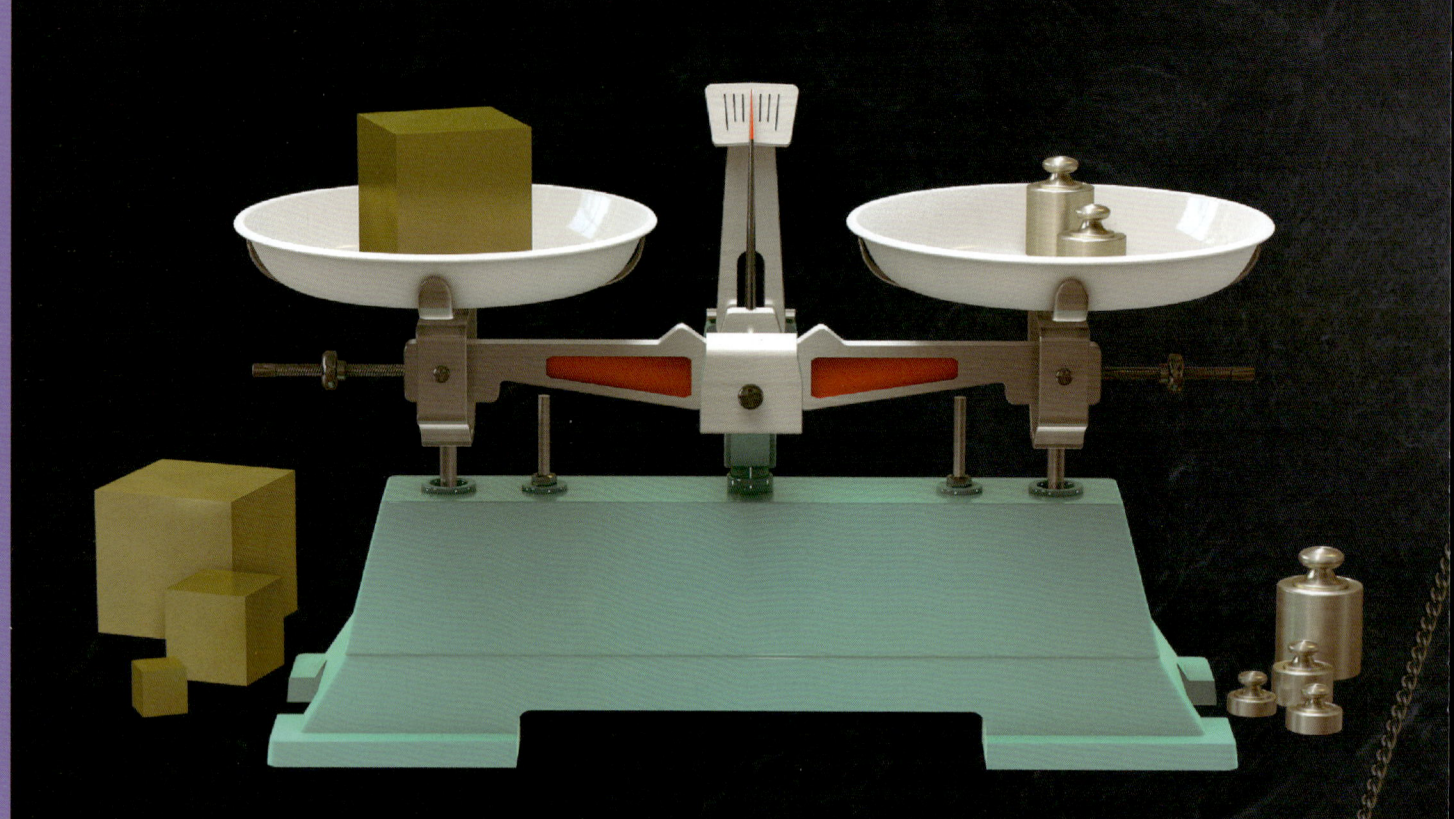

讓我們思考用天平測量物品重量的情況。假設將希望測量的物品放在天平的一邊，另一邊的盤子上放置砝碼來進行測量。這時，如果要以最少量度別的砝碼，以1公克為單位測量1到50公克的重量，一共需要幾種公克量度的砝碼呢？

為了以最少量度別的砝碼毫無遺漏地測量1至50公克的重量，我們需要用到幾種公克量度的砝碼？由於需要呈現50種不同的數值，可能有人會認為至少需要十幾種量度別的砝碼。然而仔細想想，可以發現其實需要的砝碼量度沒那麼多。

首先，1公克的砝碼不可或缺。接下來的2公克可以用另一個1公克的砝碼，或是一個2公克的砝碼來測量。此時，如果準備的是2公克的砝碼，就能搭配1公克的砝碼來測出接下來的3公克重量，這樣更有效率。

再來，我們需要用來測出4公克重量的砝碼。只要組合1、2、4公克的砝碼，就能完全測出1到7公克的重量（請確認一下）。接著需要測的是8公克的重量。只要不斷重複確認，就可以得知若要毫無遺漏地測出1到50公克的重量，只需要1、2、4、8、16和32公克的砝碼各1個，總共6種量度別的砝碼就足夠了。

這個益智謎題的答案，其實到這一步就算是全部解開了。但是，稍微思考一下這個結果的含義，就會發現它與一個意想不到的領域有所關聯。其關鍵字為「二進制」。

只要組合「2的冪次方」，就能表示所有的數值

現代的電腦等數位設備已經成為生活中不可或缺的一部分。電腦中的所有資料都是透過一種名為「二進制」的方式來表示，例如以二進制表示某個數值時，就是以2^0（$=1$），2^1（$=2$），2^2（$=4$），……的方式組合2的冪次方數值來表示（詳情請參閱第83頁的「解說」）。利用二進制來表示和計算所有數值，使我們得以每天使用數位設備。

在前面的問題中，我們需要的砝碼重量為1、2、4、8、16、32公克。這些重量都可以用2的冪次方來表示（$1=2^0$，$2=2^1$，$4=2^2$，$8=2^3$，$16=2^4$，$32=2^5$）。換言之，用2的冪次方表示的砝碼重量之組合，即可測出所有的重量，這個問題的思考方式，正是組合2的冪次方數值來表示所有數值的二進制思維。

藉由這個使用砝碼來測出重量的經典謎題，從而發現它和二進制思維的基礎有所關聯，這豈不正是一個令人意外的驚喜！

※詳細解說請參閱第83頁

4 張卡片問題

翻開哪張卡片才能調查4張卡片所遵循的規則？

有4張卡片。每張卡片的正反兩面分別寫著英文字母和數字。這裡假設的規則是「卡片的一面是母音，另一面就是偶數」。若要確認是否遵循這個規則，我們應該翻開4張卡片中的哪一張？請選擇所有必須翻開的卡片，另外，不得翻開不需要翻開的卡片。

這個問題被稱為「4張卡片問題」或「華生選擇任務」，它是1966年由英國的認知心理學家華生（Peter Cathcart Wason，1924～2003）所提出。這個廣為人知的問題看似簡單，但憑直覺回答的答對率卻非常低。

為了不依賴直覺而是從邏輯的角度來思考，考慮「對偶」是很重要的一件事。當看到「若A則B」的命題時，那麼「若非B則非A」這個命題即為原始命題的對偶。在這個問題中，對於「若卡片的一面是母音，另一面就是偶數」這個命題，其對偶為「若卡片的一面不是偶數（＝寫著奇數），另一面就不是母音（＝寫著子音）」。

已知某個命題及其對偶之間存在著「當命題為真（正確）時，其對偶也為真」這樣的關係。在這個問題中，從對偶的角度來思考，可以幫助我們輕易地理解光看命題往往會忽略的關鍵。

只要從邏輯的角度思考，就能知道應該翻開哪張卡片

讓我們具體思考一下。首先，為了確認命題是否為真，我們翻開寫有母音「E」的卡片。這時，如果背面的數字為偶數，就代表是正確的。這是很多人能夠答對的一種做法。

還有一張卡片需要確認。為了確認對偶是否為真，也可以翻開寫有奇數「7」的卡片。這時，如果背面的字母是子音，就代表是正確的。也就是說，我們只需要翻開「E」和「7」兩張卡片。

許多人可能第2張會選擇翻開寫著「4」的卡片。然而，這裡只有「母音的背面是偶數」，並沒有「偶數的背面是母音」這樣的規則。在數學上，已知「若A則B」這樣的命題，被稱為「若B則A」的「逆命題」（converse），真假未必與原始命題一致。

此外，沒必要翻開「K」這張卡片。「若非A則非B」的命題被稱為原始命題的「否命題」（inverse），與逆命題一樣，真假未必與原始命題一致。

藉由這樣的邏輯思考，我們得以避免憑直覺判斷而犯錯。

※詳細解說請參閱第84頁

鴿巢原理

世田谷區約94萬人之中，是否有髮量完全相同的人？

根據2021年的人口普查，東京23個區之中人口最多的是世田谷區，大約有94萬人。那麼世田谷區的居民之中，是否有髮量是完全相同的人呢？據說人類髮量最多只有14萬根左右。

即使世田谷區的人口多達94萬，以根為單位的頭髮，真的有髮量完全相同的人嗎？首先我們要如何思考這個問題？事實上，這個問題可以用所謂「鴿巢原理」的概念來解開。

假設有三個鴿巢和4隻鴿子。當鴿子都返回鴿巢時，三個鴿巢的其中一個必定會有至少2隻鴿子。像這樣，「將 m 個物品分配到 n 個群組時，若 m 大於 n，則至少會有一個群組會包含2個以上的物品」，這就是所謂的鴿巢原理（請參考第61頁的插圖）。

「理所當然」的原理是解決問題的關鍵

聽到這句話時，可能有許多人會納悶「有必要說這種理所當然的事嗎？」然而藉由這種「理所當然」原理的運用，便能解開前述那種難以抓到重點的問題。

假設這裡按髮量分別準備0到14萬根頭髮的房間，讓94萬世田谷區的居民進入與自己髮量相應的房間。由於居民人口大於房間數，根據鴿巢原理，至少有一

解說

鴿巢原理

4隻鴿子

3個鴿巢

鴿子各自選擇鴿巢進入

至少有一個鴿巢會有2隻以上的鴿子

假設有4隻鴿子和三個鴿巢。當所有的鴿子都回到鴿巢時,無論鴿子如何分配,至少有一個鴿巢會有2隻以上的鴿子,這就是「鴿巢原理」。以數學的方式進行一般化表示,則「將 m 個物品分配到 n 個群組時,若 m 大於 n,必定存在包含2個以上物品的群組」。

個房間會有2位以上的居民。由此可證會有髮量完全相同的人。

雖然這是個與數量相關的問題,但利用鴿巢原理可以用來證明各種命題。舉幾個日常生活中的例子,像「5人聚在一起,就會出現相同血型的人」、「48人聚在一起,就會出現來自同一個都道府縣的人」、「日本人中存在著錢包裡的錢完全相同的人」這類命題,都能利用鴿巢原理來證明。大家也可以試著思考一下利用鴿巢原理來證明的命題。

此外,鴿巢原理的應用範圍十分廣泛,在大學入學考試和數學奧林匹克中,也經常出現應用鴿巢原理來證明的題目。

A. 存在。人類頭髮最多只有14萬根左右,而非田名區人約有94萬人,因此可以利用鴿巢原理來證明。

與兩個圓和一條直線相切的圓有幾個？

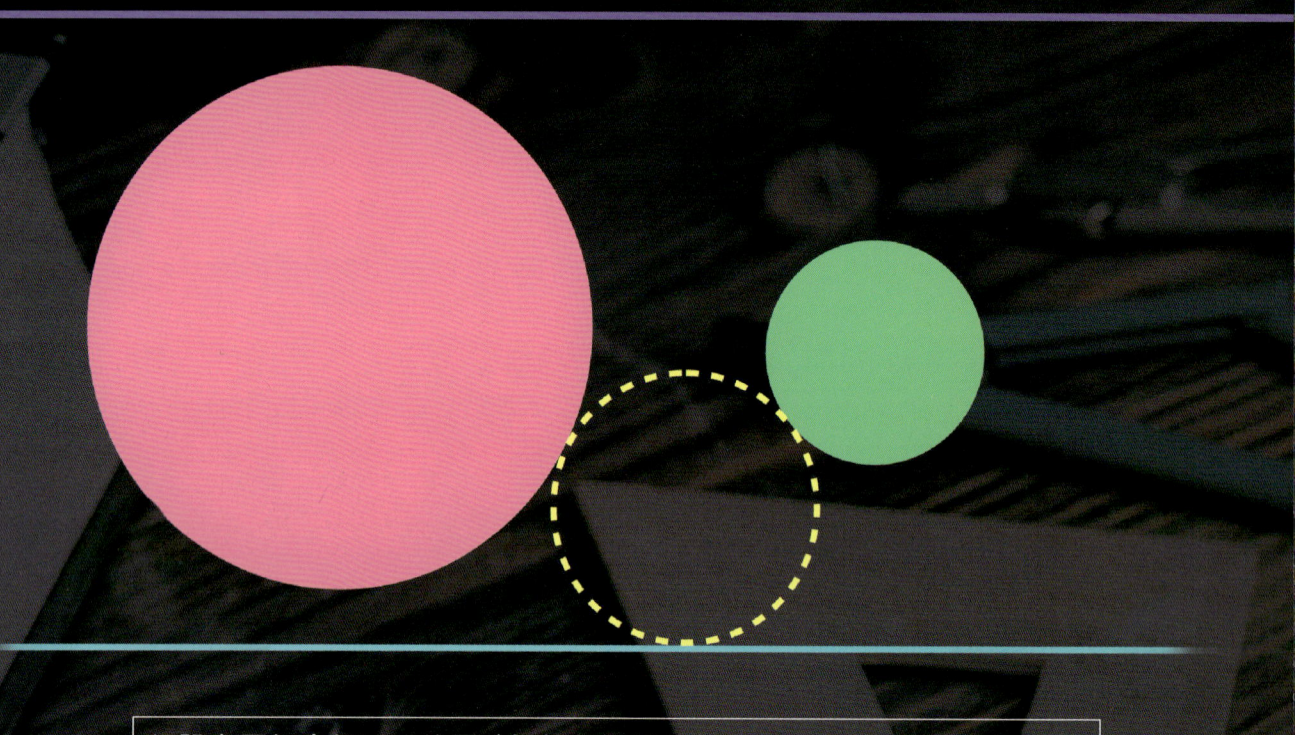

與直線相切的圓

假設有兩個半徑不同的圓（粉紅色與綠色）和一條直線，三者的關係如上圖所示。此時，有幾個圓（例如黃色虛線的圓）能跟所有的圓和直線相切？

這是如上圖所示各圖形的位置關係，問題是：有幾個圓同時與兩個圓（粉紅色和綠色）及一條直線相切。

圓之間的相切，有內切（一個圓與另一個圓的內側相切）和外切（兩個圓的外側相切）2種方式。圖中黃色圓形虛線顯示所有圓都是外切的情況。

根據這些條件來思考，比較容易發現的是同時與兩個圓外切的圓（右頁圖①）、同時與兩個圓內切的圓（②）、與一個外切另一個內切的圓（③和④）。

有些人可能會認為以上四種就是全部可能的情形，然而事實上一共有八個圓符合條件。那麼，其餘四個圓在哪裡呢？這裡的重點在於思考時要大幅拓展視野。還有一點要注意，圖中直線其實是左右無限延伸出去。

找到答案的關鍵在於要有廣闊的視野

答案是右頁的⑤⑥⑦⑧這四個圓。⑤⑥與③④一樣，都屬於「一邊外切，另一邊內切」的情況，重點在它們都是比③④要大得多的圓。而⑦和⑧需要考慮更大的圓，除非視野相當寬闊，否則很難找到這些圓。擁有廣闊的視野，從俯瞰的角度看待事物；不僅是數學，這種態度在各種學問領域都非常重要。

這個問題的原型出自著名的「阿波羅尼奧斯問題」（Problem of Apollonius）。古希臘數學暨天文學家阿波羅尼奧斯（Apollonius of Perga，約前262～約前190），在其著作《論切觸》（Tangencies）中提出與三個圓相切之圓的相關問題。在那之後，許多科學家發現了各種解法，英國科學家牛頓（Isaac Newton，1643～1727）也在他的著作《自然哲學的數學原理》（Principia）中多有著墨。

※詳細解說請參閱第63頁

62

解說

比較容易找著的圓

右圖所示的四個圓應該比較容易找出來。這些圓分別是「同時與兩個圓外切」(①)、「同時與兩個圓內切」(②)、「與其中一個圓內切,而與另一個圓外切」(③、④),由於相對接近粉紅色和綠色的圓,因此應該很容易找著。

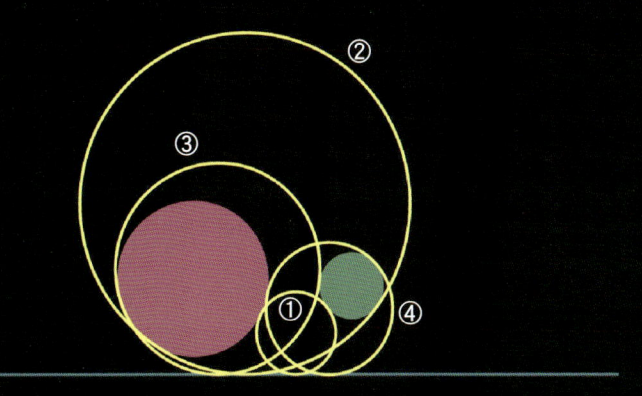

稍微不易找著的圓

右圖所示的⑤和⑥是稍微難以找著的圓。兩個圓都跟上面的③和④同樣是「與其中一圓邊內切,而與另一圓邊外切」,但因為圓弧與直線相切之處與粉紅色和綠色圓的距離比③④要遠一些,必須繪出弧圈更大的圓。

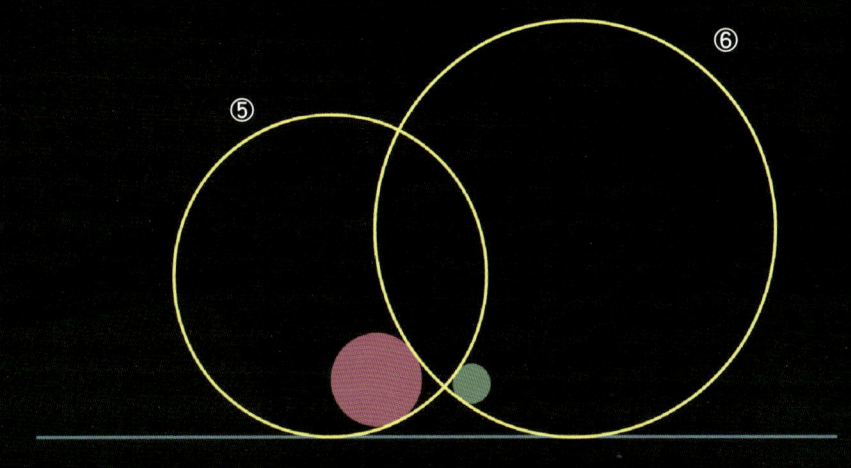

很難找著的圓

大家能找到⑦和⑧嗎?⑦跟②一樣是「與兩個圓內切」的圓,⑧跟①一樣是「與兩個圓外切」的圓,但都必須繪出弧圈相當大的圓,一時之間可能不容易想到。以廣闊的視野來思考十分重要。

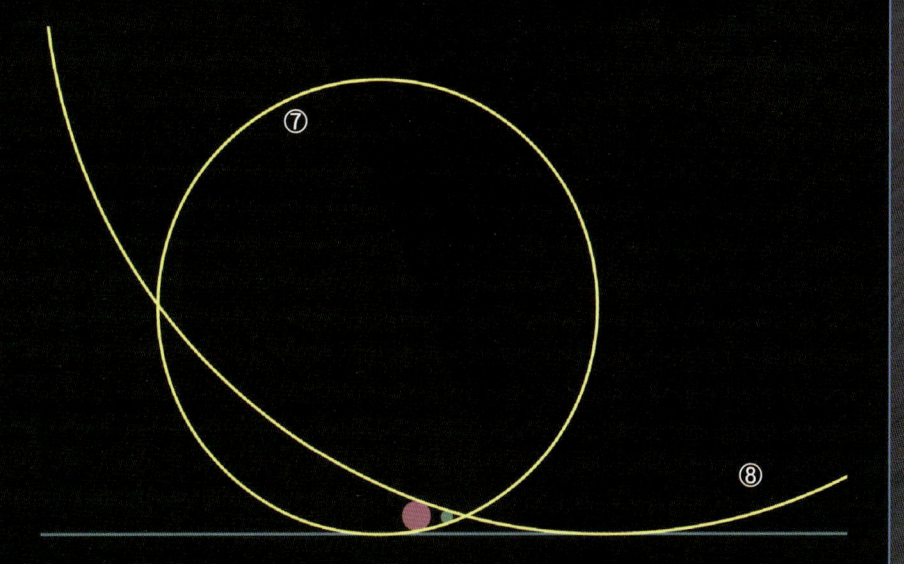

A. 圖中所示的八個。

美術館需要幾名保全人員？利用幾何學來思考

美術館定理

如上圖所示，假設美術館展列空間的地板形狀為多邊形。若想配置最少的保全人員來監控全館的話，應該配置多少人比較恰當？保全人員不得離開自己的指定位置，但可以轉頭進行360度的監視。

這個問題是最少需要幾名保全人員，才能毫無遺漏地監控上圖這種形狀奇特的美術館。這類問題也可以運用幾何學的知識來解。

考慮這種複雜的多邊形不是一件容易的事，所以這裡試著將多邊形分成好幾個三角形來思考（第85頁圖①）。事實上，這個做法是解開這個問題的最大關鍵。透過以互不交叉的對角線來連接n邊形的n個頂點，就能將n邊分割成多個三角形，此稱為「多邊形的三角形分割」。

只要站在分割出來的三角形的三個頂點其中之一，就能監視整個三角形的內部。因此，基本上只要在每個三角形的頂點配置1名保全人員，即可全面監控整座美術館。

此外，若能巧妙地利用與相鄰三角形共用頂點這一招，便可進一步減少保全人員的人數。為此，我們需要分配3種顏色給每個頂點，避免相鄰頂點的顏色重疊，然後將保全人員配置於出現次數最少的顏色上（第85頁圖②、③）。

一般來說，將3種顏色分配給n邊形中的n個頂點時，出現次數最少的顏色會出現$[\frac{n}{3}]$次。這裡的$[\frac{n}{3}]$符號代表n除以3時得到的整數部分（小數點以下捨去）。從上面可以看出，任何n邊形的美術館都一樣，只要配置$[\frac{n}{3}]$名保全人員，就能監視全館。然而，根據多邊形的形狀，有時可以用更少的人數來監視，只是目前尚未找到求解最低人數的一般方法。

三角形是「圖形的原子」

其實這種多邊形的三角形分割，與我們生活息息相關。在現代社會中，電腦繪圖（CG）已成為不可或缺的一部分。從遊戲軟體和動畫，到各種產品或建築物等等，在電腦上進行設計的軟體（CAD），全都是使用CG來完成。

許多CG是透過多邊形的三角形分割，將圖像資料分割成小三角形，以便進行電腦處理。三角形可說是支撐現代CG技術核心的「圖形的原子」。

※詳細解說請參閱第85頁

圓的直徑與圓周長

自地面抬升1公尺繞地球一圈需要多長的繩子？

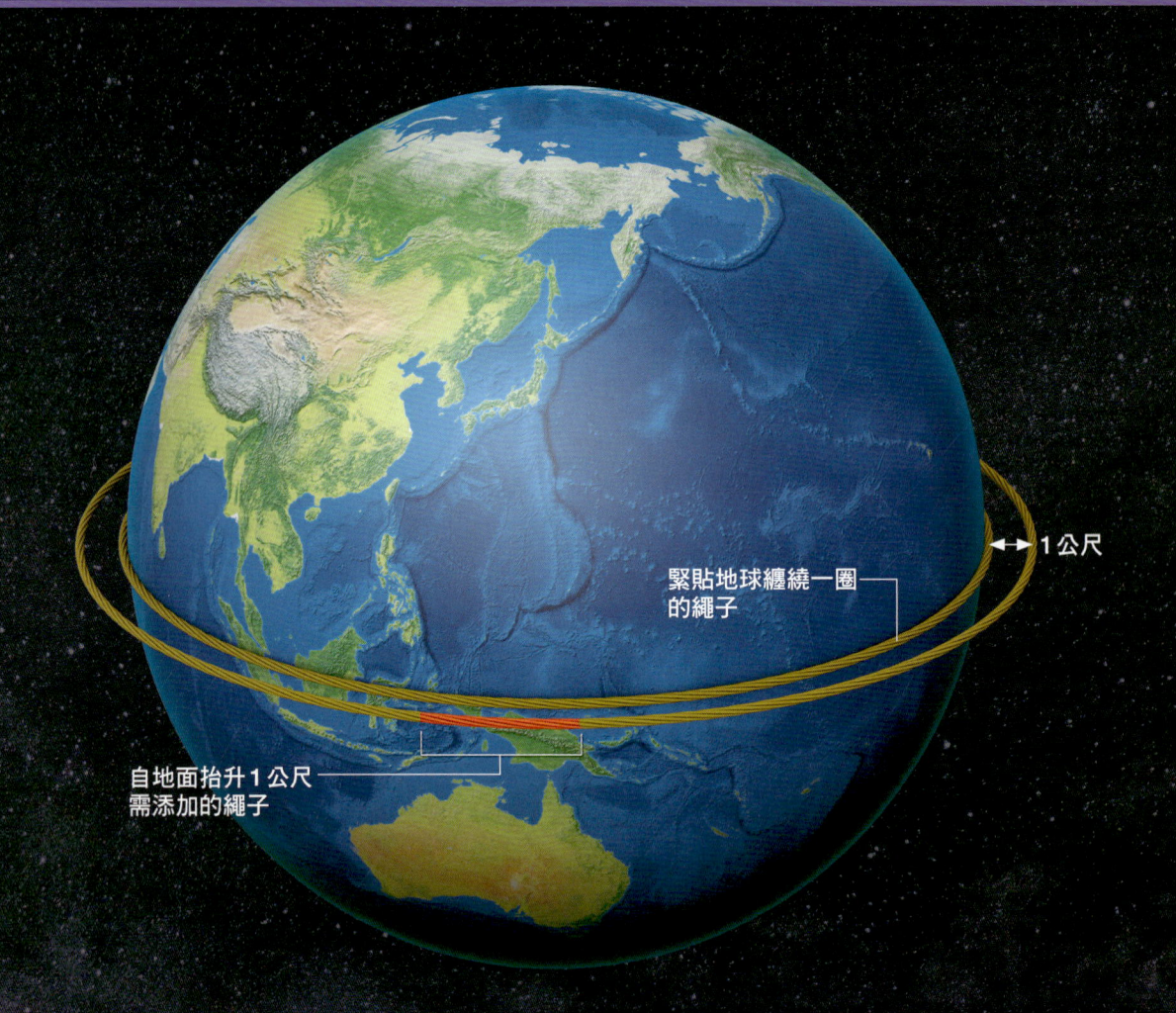

1公尺

緊貼地球纏繞一圈的繩子

自地面抬升1公尺需添加的繩子

假設地球是半徑約6400公里的完美球體。此時，如果將一條繩子緊貼地面纏繞地球一圈，這條繩子的長度將是2×π×6400公里＝約4萬公里。現在，假設我們要將這條繩子從地面抬升1公尺，這時繩子必須增加到多長呢？

在學校學到的圓周率「π」，是個用來表示圓周長為圓直徑幾倍的數字。圓周長＝π×直徑，若將圓的半徑設為 r，則圓周長＝2πr 我們在國小學到的 π 值是 3.14，其實 π 是 3.141592653……後面還帶著無限個不規則數字的「無理數」。

不論是地球還是網球，答案都一樣！

問題是這樣的：假設有一條纏繞地球一圈的繩子，思考當這條繩子自地面抬升 1 公尺（＝圓的半徑增加 1 公尺）時，繩子會增加多長。就直觀來說，圓周長原本就有 4 萬公里，如果半徑稍微增加的話，感覺圓周長似乎會增加不少。

然而，實際計算後發現，當半徑增加 1 公尺時，圓周長頂多只會增加約 6.28 公尺。換句話說，自地面抬升 1 公尺，則纏繞地球一圈的繩子只需要增加 6.28 公尺（參閱第 86 頁的解說）。

此外，假如按照一般的方式，將原始圓的半徑設為 r 來計算，可以發現不管 r 的值是多少，答案始終為 2π（＝約 6.28 公尺）。換言之，無論原始的圓多大，計算結果都一樣是 6.28 公尺。

舉例來說，假設有一條繩子纏繞在半徑約 3.5 公分的網球上。這時，網球的圓周長為 2×π×3.5＝約 22 公分。如果要將繩子從網球表面抬升 1 公尺，仍需將繩子的長度增加約 6.28 公尺。雖然看似簡單，卻會得到違反直覺的答案，這真是一個很奇妙的問題。

※詳細解說請參閱第 86 頁

圓周角定理

如何只用木匠工具中的「曲尺」來準確測量原木直徑？

曲尺

如上圖所示，「曲尺」是一種木匠工具，為L形的金屬尺。只要善加利用，便能單用曲尺測量出原木的直徑。當然，這並非隨隨便便估計出來的。那麼，該如何進行測量呢？

只使用木匠工具中的「曲尺」，要如何測量原木的圓周呢？欲解開這個問題，必須具備幾何學定理的知識，亦即國中學到的「圓周角定理」。

在圓周上某段弧的2個端點，朝圓周上的另1點分別連線，這2條連線所形成的夾角即為圓周角。根據圓周角定理，一段弧對應的圓周角大小，是該段弧對應之圓心角大小的一半，這一點非常重要（第87頁上方左圖）。

現在將其應用於通過圓之直徑的直線上。這時，這條直線跟圓周的兩個交點所形成的弧，為180°的圓心角。根據圓周角定理，可得知圓周角是90°。換句話說，從直徑兩個端點畫出的圓周角大小為90°（第87頁上方右圖）。反之，當圓周角的大小為90°時，可透過連接弧的兩個端點畫出直徑。使用曲尺測量直徑的長度時，可以利用這個定理。

使用木匠工具學習數學中所授予的形狀知識

將曲尺的直角部分放在原木圓周上的一點，將曲尺的各邊與原木圓周的交點設為A和B。這樣一來，由點A和點B形成的弧所對應的圓周角即為90°。因此，只要畫出連接這兩個點的線段AB，就能得到這個圓木的直徑。自古以來使用的木匠工具，就是透過這種方式運用在學校數學中所學到的圖形性質。

事實上，曲尺的應用範圍不僅限於木造建築，也用於日本的石造建築。例如，日本橋和神田橋等地，都有江戶時代末期到明治時代中期所建造的拱形石橋。其中大部分是由名為「肥後石工」的技術團隊所建造，他們也是使用曲尺來建造拱形石橋。在肥後石工中，具有高超技術的岩永三五郎（1793～1851）雕像，雙手就握著曲尺，作為石工技術的象徵。

※詳細解說請參閱第87頁

勒洛三角形

搬運重物時使用的「滾輪」。除了原木之外，還有什麼可以作為滾輪使用？

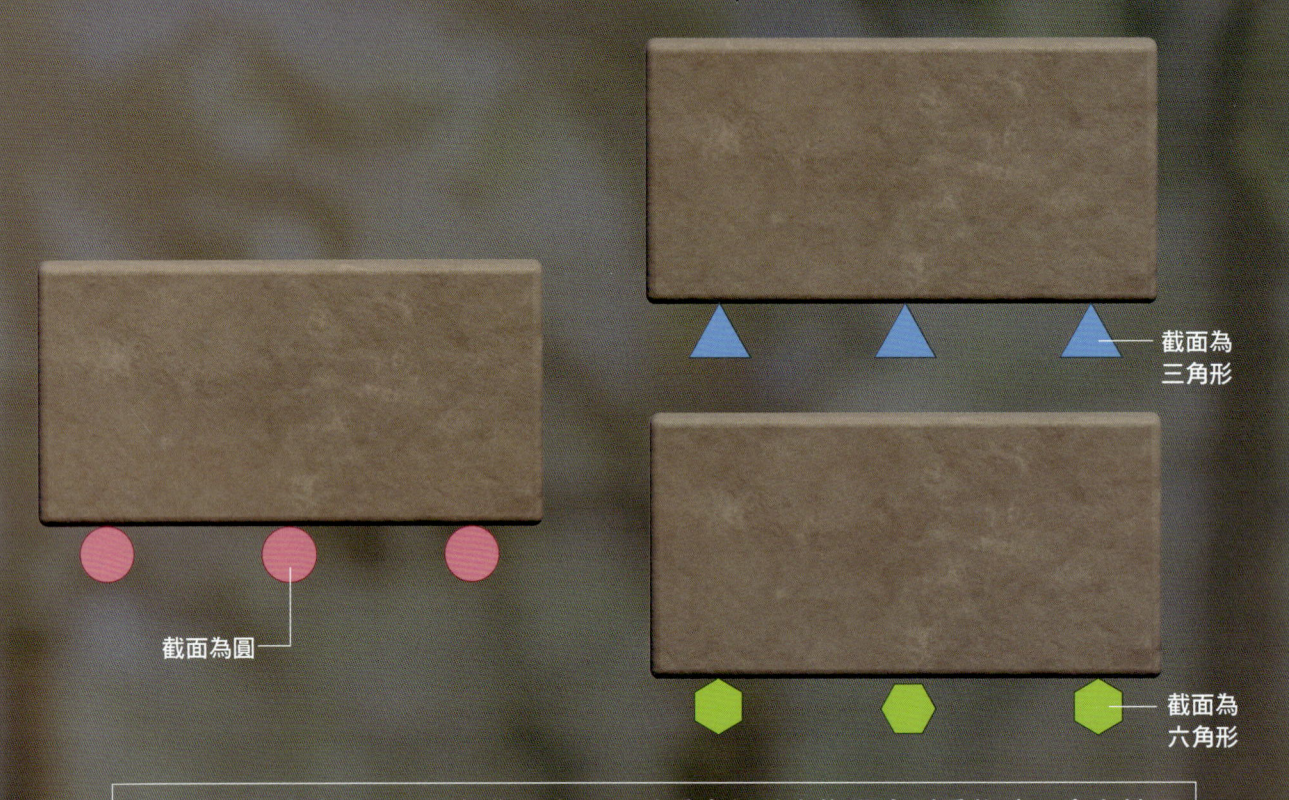

截面為三角形

截面為圓

截面為六角形

從建造埃及金字塔的相關想像圖中，可以看出從前在搬運大型重物時，會在地面鋪設原木這類圓柱形物體，將重物放在上面，以滾動的方式移動。這時圓木這類圓柱形的工具就稱為「滾輪」。滾輪之所以呈圓柱形，是因為圓柱的截面是圓，不管如何旋轉，寬度也不會改變，方便人們輕鬆地滾動。那麼，除了圓之外，還有哪些圖形可以作為滾輪使用呢？

像圓一樣，即使旋轉也不會改變寬度的圖形稱為「定寬曲線」（curve of constant width）。除了滾輪之外，人孔蓋也是利用定寬曲線性質的常見物品。人孔蓋大多是圓形，這是因為無論從哪個方向測量，蓋子的直徑都是固定的，不用擔心蓋子會掉進人孔內。

這裡要問的是這樣的問題：「有沒有圓以外的定寬曲線？」事實上，數學家從很久以前就開始思考這個問題。他們發現除了圓之外，還有好幾種定寬曲線。

其中，最著名且重要的定寬曲線是「勒洛三角形」（右頁圖）。它是由德國的機械工程師勒洛（Franz Reuleaux，1829～1905）所發明，因此用他的名字來命名。

隨處可見的勒洛三角形

勒洛三角形是怎樣的圖形呢？首先，任意畫出一個正三角形。接著，以這個正三角形的三個頂點為中心，以正三角形的邊長為半徑分別畫出三道圓弧。這樣一來，我們就能在原來的正三角形外側畫出一個略微圓潤的三角形，此即為勒洛三角形。從勒洛三角形的頂點測量到對應邊的寬度，不管是哪個方向，都等於圓半徑的長度。由此可見，具有勒洛三角形截面的柱子，也可作為滾輪使用。

勒洛三角形還有一個特性，那

解說

繪製勒洛三角形的方法

以正三角形的一個頂點為中心,畫出半徑與正三角形邊長相同的圓弧。其他兩個頂點也用相同的方式畫圓弧,被這三道圓弧所包圍的圖形即為勒洛三角形。

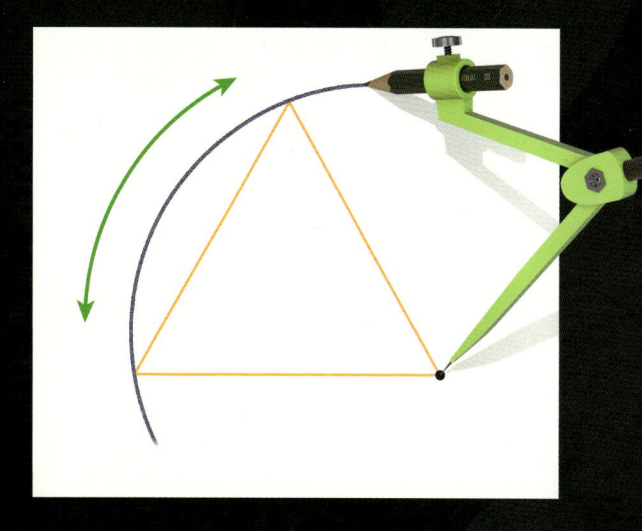

勒洛三角形為定寬曲線

勒洛三角形的各邊,皆分別以原始正三角形的三個頂點為中心所描繪出的圓弧,因此與頂點的距離是固定的。這一點對所有的頂點都成立,因此勒洛三角形的對角線長度,始終與原始正三角形的任一邊長相同;換言之,勒洛三角形為定寬曲線,即使作為滾輪使用,也能順暢地滾動。只是,勒洛三角形在旋轉時,重心高度會發生變化,因此無法像圓一樣平順地旋轉。

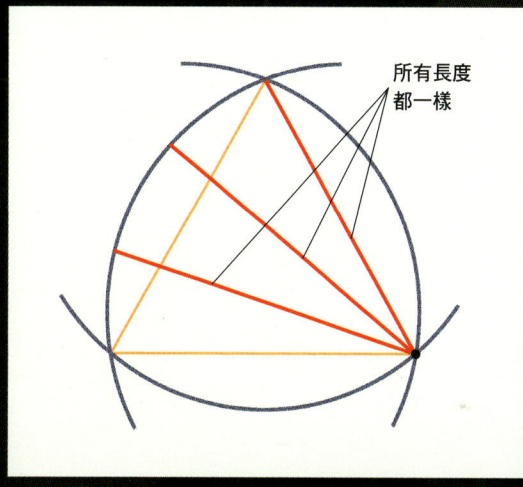

所有長度都一樣

就是它可以完美地放進對角線與其邊長相同的正方形內。此外,在這個正方形中旋轉,幾乎可以通過正方形內的所有位置。因此如果將鑽頭的形狀做成勒洛三角形,固定在正方形的框內旋轉,即可鑽出一個(近乎)正方形的孔。除此之外,勒洛三角形實際上也應用在掃地機器人和轉子引擎等日常生活各個方面。

A. 「勒洛三角形」(上圖)。

| | 正方形的裝箱 | **看似簡單卻解不開的難題。如何有效地將小正方形塞進大正方形內？** |

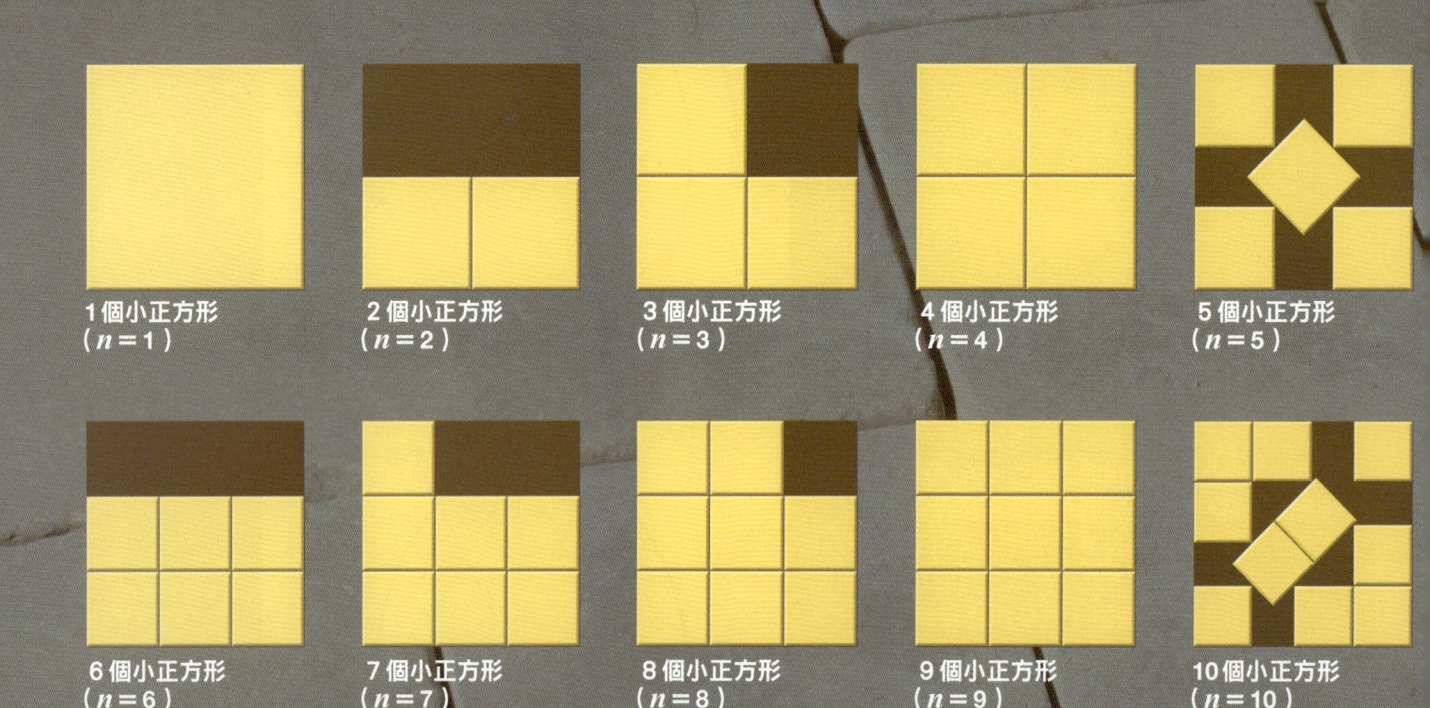

1個小正方形（$n=1$）

2個小正方形（$n=2$）

3個小正方形（$n=3$）

4個小正方形（$n=4$）

5個小正方形（$n=5$）

6個小正方形（$n=6$）

7個小正方形（$n=7$）

8個小正方形（$n=8$）

9個小正方形（$n=9$）

10個小正方形（$n=10$）

將幾個大小相同的正方形塞進一個大正方形的箱子裡。在這種情況下，我們思考最有效的裝箱方式，使大正方形箱子儘量塞得愈滿愈好。上面已經顯示塞入1到10個正方形的方法。若想有效地塞入11個正方形，應該如何裝進去呢？由於形狀相當複雜，可能很難計算確切的形狀，但可以試著預測會是怎樣的形狀。

本頁插圖是參考下列網站繪製而成。https://erich-friedman.github.io/packing/squinsqu/

儘可能有效地將小正方形塞進正方形箱子內,這個問題在數學界稱為「裝箱問題」。這個著名的問題已有50年以上的歷史,但近年來隨著電腦運算能力的提升,如今成為人們重新思考的問題之一。

裝箱問題如上圖所示,從1個小正方形開始,逐漸增加到2個、3個……等情況時,考慮每個數量對應的填充方式。

首先,當小正方形的數量 n 為1,4($=2^2$)、9($=3^2$)這類某個數字的平方時,正好可以將大正方形整個塞滿。此外,人們在1979年已經證明,當 n 為2、3、5時,上圖顯示的填充方式能使大正方形的邊長最小。當 n 為5的時候需要稍微旋轉一下,把1個小箱子傾斜45°,使其夾在其他4個小箱子之間。

目前尚未找到最佳裝箱方式

那麼,其他的 n 要如何填充呢?事實上,對於 n 大於11的情況,除了正好可以塞滿的數字之外,大部分仍沒有找到答案。例如,針對 n 為11的情況,1979年提出類似第88頁圖所示這種縫隙最小的填充方式,但目前仍未證實這是否為最佳裝箱方式。

如今,數學家和計算科學家正在設計各種供電腦進行計算的分析方法(演算法)。然而,計算量會隨著 n 的數量增加而大幅提高,即使運用最先進的電腦,計算起來也很困難。此外,問題不光只有計算量。實際上,至今尚未找到一種演算法能夠針對所有情況計算出大正方形邊長的最小值,甚至有人認為這樣的演算法有可能根本不存在。

這個問題的設定十分單純,卻是幾十年來都無法解開的著名難題。網路上可以找到一些更多小正方形的裝箱方式,如果大家有興趣的話不妨搜尋看看。

※詳細解說請參閱第88頁

費米推論

日本有多少家便利商店？
試著根據知識大致估算一下

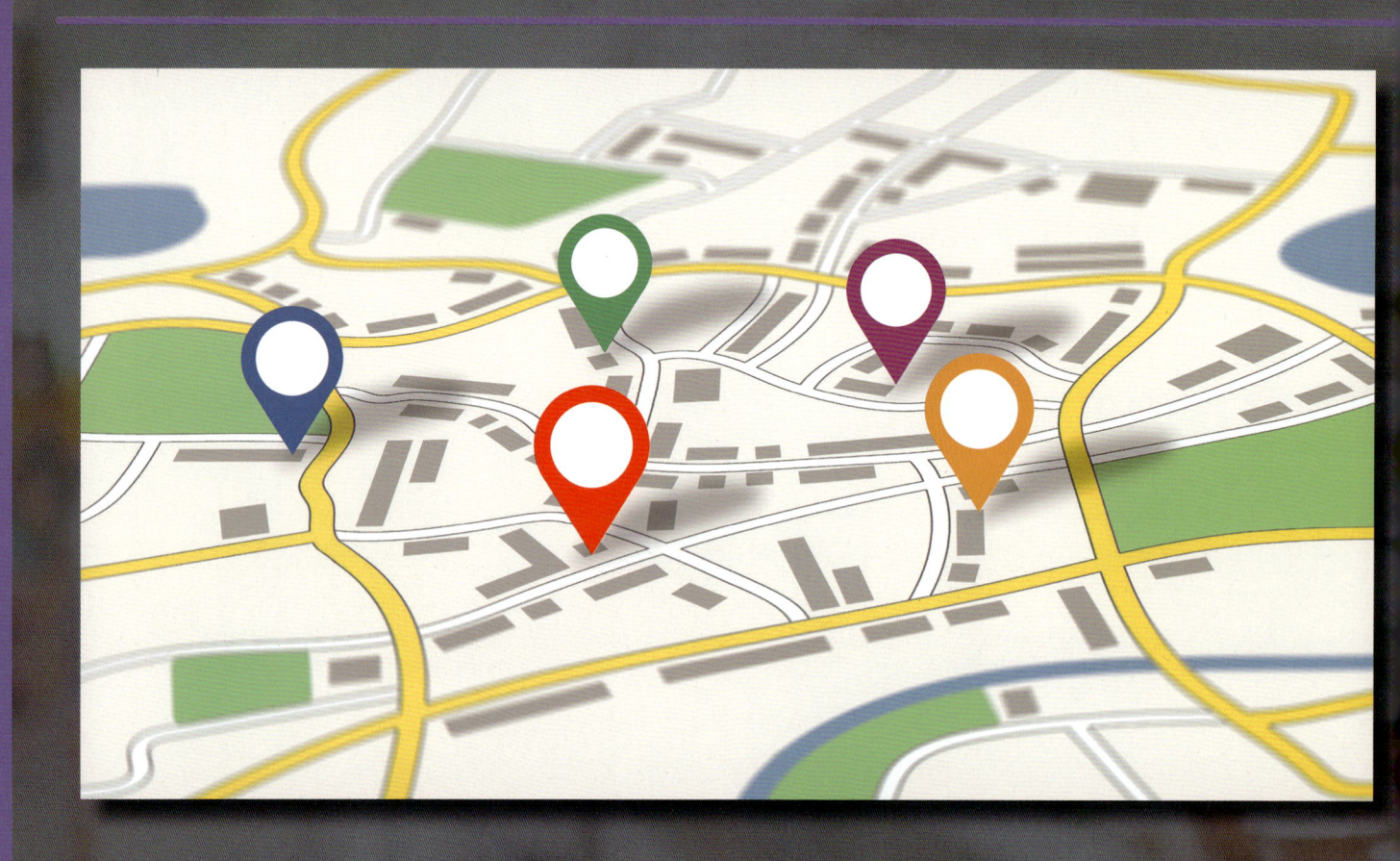

現在日本全國一共有多少家便利商店？不借助網路搜尋，請試著活用本身的知識和經驗進行估算。

「日本有多少家便利商店？」突然被問到這樣的問題，你會如何回答呢？

即使遇到這類無法立刻回答的問題，我們也可以根據自己擁有的知識和資訊建立簡單的假設，從而估計出大概的數字。這種估計方法就稱為「費米推論」（Fermi estimate）。義大利出生的物理學家費米（Enrico Fermi，1901～1954）很擅長這種估計方法，因此便用他的姓氏來命名。費米推論也因曾經出現在美國大型IT企業Google的徵才考試中而聲名大噪。

分成幾個階段來估算

下面來看看實際是如何進行估算的。以估算便利商店的數量為例分階段進行：

・都市地區大約幾平方公里會有1家便利商店？
・都市和鄉下地區的便利商店數量大概相差幾倍？
・日本的城鄉面積比是多少？
・日本的總面積是多少？

我們可以像這樣分成好幾個階段來思考計算（詳細計算請參閱第89頁的「解說」）。

目前費米推論已廣泛使用在商業等領域。商業領域中，每當開發新產品或新服務時，必須估計可能有多少顧客願意買單。然而，進行嚴密的調查會耗費巨大的成本和時間。利用費米推論，就能根據可能成為線索的數據、知識和資訊，進行邏輯上的估算。這種方法可以幫助我們在短時間內以低成本估算出顧客數量或市場規模等。

另一方面，費米推論是一種估計粗略數字的方法，而非獲得準確答案的方法，因此理所當然會出現誤差。一般而言，誤差不是高估就是低估，在分成好幾個階段估計的費米推論中，每個步驟的誤差最終有可能會互相抵消。這就是費米推論吸引人的地方。

像這樣，根據自己擁有的知識和資訊進行估計，即使是看似毫無頭緒的問題，也能導出一個大致的答案。

※詳細解說請參閱第89頁

組合數

將「GAKKOU」這6個英文字母重新排序，這則送給考生的訊息是什麼？

GAKKOU

按照英文字母的順序重新排序

1. AGKKOU
2. AGKKUO
3. AGKOKU
⋮
100. ??????

將GAKKOU這6個英文字母組成的字串，按照字典排法（字母升序）重新排列。這時，第100個字串是什麼呢？

針對GAKKOU幾個字母組成的字串，按照字母順序進行排序，第100個字串會出現什麼呢？日本駿台預備學校的數學科講師若月一模，在運輸考生的列車車廂內，透過廣告的方式提出這個問題。在數學中，這是「組合數」和「排列組合」單元學過的內容。

像這樣的問題，最好是按部就班地進行探討。首先按照英文字母的順序，重新排列GAKKOU這6個字母，就會得到AGKKOU。

因此，按照字典順序重新排列，開頭為A的字串會排在前面。這時，先將前面的A固定，思考第2個字母後面有幾種組合。

接著，第2個字母是從剩下的5個字母中選擇，所以有5種，再來是4種……依此類推，總共有5×4×3×2×1＝120種組合。但是，由於這裡有2個K，這個算法只是將它們的位置互換，同樣的字串被當成不同字串計算了2次。因此必須將120除以2，得到以A開頭的字串有60種組合。

隨著計算的進行，最終出現美好的訊息

接著用同樣的方式思考以G開頭的字串。然而，如果重新排列第2個字母以後的所有字母，就會跟A一樣出現60種組合，全部加在一起就是120種組合，超過我們需要的第100個字串。這裡以G為開頭，將字母順序最高的A固定在第2個位置上，思考第3個字母後面有幾種組合。計算

76

註：這個問題是在獲得日本駿河台學園及若月一模老師的同意下刊載。

解說

① 「A」開頭的字串

A●●●●●
排列 G、K、K、O、U

→ $\dfrac{5\times4\times3\times2\times1}{2}=60$ 種組合

② 「GA」開頭的字串

GA●●●●
排列 K、K、O、U

→ $\dfrac{4\times3\times2\times1}{2}=12$ 種組合

③ 「GK」開頭的字串

GK●●●●
排列 A、K、O、U

→ $4\times3\times2\times1=24$ 種組合

④ 「GOA」開頭的字串

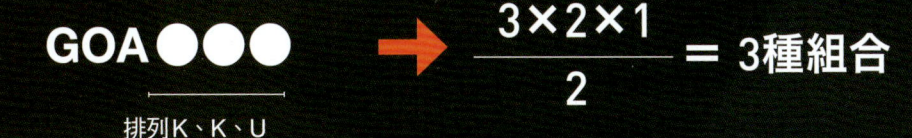

GOA●●●
排列 K、K、U

→ $\dfrac{3\times2\times1}{2}=3$ 種組合

⑤ 「GOK」開頭的第一個字串就是第100個字串

GOK●●●
依字母順序排列 A、K、U

→ GOKAKU

到這裡共有99種組合

出來是4×3×2÷2＝12種組合。之後，第2個字母依序是K的字串、O的字串……不斷重複這些步驟（見上方的解說），最終得到第100個字串是「GOKAKU」，也就是日文「合格」的意思！這雖然是一個數學問題，裡面卻含有鼓勵考生的訊息，因此在社群網路上一度引起話題。

計算組合數和排列組合時，必須特別注意避免遺漏或重複計算，因此或許有些人會對這些領域感到恐懼。不過，像這個問題一樣，也有可以在解題時享受解謎樂趣的題目。先從看似有趣的問題開始解題，說不定是一個不錯的主意。

A. GOKAKU（合格）

77

擲硬幣100次有兩種結果，哪一種是偽造的？

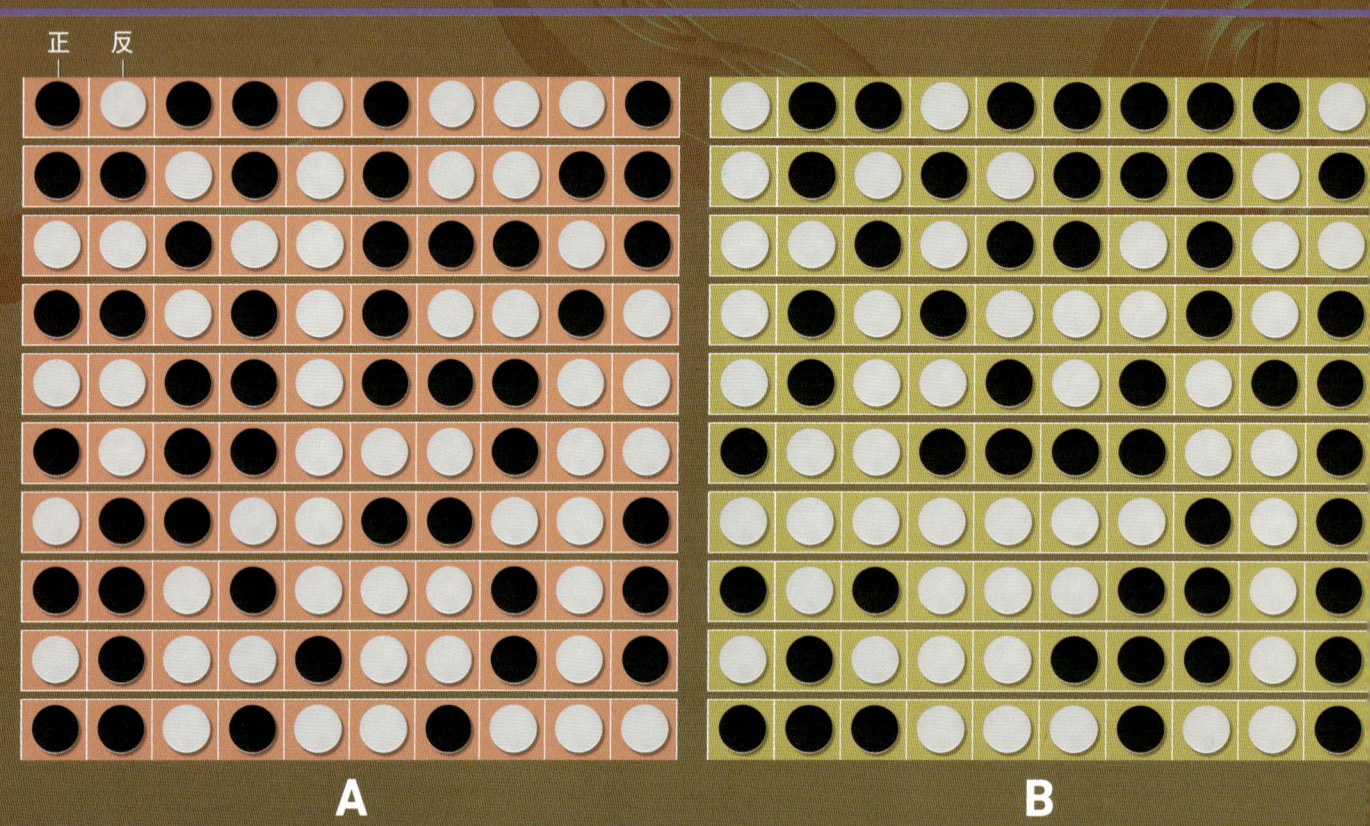

擲硬幣

正 反

A

B

某天，一位美國大學教授給數學系的學生出了下面這項作業。「回家後擲硬幣100次，交出記錄下來的結果。不過，也可以假裝擲過硬幣，偽造擲100次的結果」。第二天，教授逐一揭穿偽造結果的人，學生皆大吃一驚。現在，上面的A和B，一個是編輯實際擲100次硬幣的結果，另一個是偽造擲100次硬幣的結果。第1行是從第1次到第10次、第2行是從第11次到第20次、第3行是從第21次到第30次的擲硬幣結果。黑色表示正面，白色表示反面。那麼，大家分辨得出哪個是真正的結果，哪個是偽造的結果？

乍看之下，這兩個表格所呈現的樣貌似乎沒什麼不同，各位能夠判斷哪個是偽造的結果嗎？應該注意哪些地方才能判斷呢？

需要注意的關鍵在於「同一面連續出現的次數」。在A和B兩個表格之中，A表顯示正反面出現次數比較平均。相反地，可以看到B表有好幾處連續出現同一面（第5次至第9次連續出現5次正面，第61次至第67次連續出現7次反面）。直覺上，同一面連續出現的機率似乎低於正面和反面平均出現的機率，因此出現機率較低的現象，也就是B的結果更像是經過偽造的。那麼，實際上連續出現同一面的機率是多少呢？

| 同一面連續出現的機率遠比直覺上要來得高

右頁的表格是經過計算和模擬，得到擲 n 次硬幣時，正面（反面亦然）最多連續出現 k 次的機率。舉例來說，假設擲20次硬幣，中間隔著反面，正面連續出現2次、3次、2次、4次，則，$n=20$，$k=4$。

解說

以下列表按照不同的 k 值，顯示擲 n 次硬幣時，正面最多連續出現 k 次的機率。深橙色表示對於特定的 n，機率達到最大的 k 值。

	$k=0$	$k=1$	$k=2$	$k=3$	$k=4$	$k=5$	$k=6$	$k=7$	$k=8$	$k=9$	$k=10$
$n=3$	13%	50%	25%	13%							
$n=5$	3%	38%	34%	16%	6%	3%					
$n=10$	0%	14%	35%	26%	14%	6%	3%	1%	0%	0%	0%
$n=25$	0%	0%	13%	29%	25%	15%	8%	4%	2%	1%	0%
$n=50$	0%	0%	2%	16%	28%	24%	15%	8%	4%	2%	1%
$n=100$	0%	0%	0%	3%	16%	26%	23%	15%	8%	4%	2%
$n=200$	0%	0%	0%	0%	3%	16%	26%	22%	15%	8%	4%

要計算這些機率，需要高中數學所學到的「遞迴關係式」相關知識，但由於計算有點複雜，故在此省略。作為替代，這裡以 $n=5$ 為例，讓我們實際檢視所有正面可能出現的結果，來確認機率是否正確。以下用●來表示正面，○表示反面。所有正面可能出現的結果共有以下32種。

$k=0$時
（1種組合）
●●●●●

機率：
$\frac{1}{32} = 0.03125$
（約3%）

$k=1$時
（12種組合）

機率：
$\frac{12}{32} = 0.375$
（約38%）

$k=2$時
（11種組合）

機率：
$\frac{11}{32} = 0.34375$
（約34%）

$k=3$時
（5種組合）

機率：
$\frac{5}{32} = 0.15625$
（約16%）

$k=4$時
（2種組合）

機率：
$\frac{2}{32} = 0.0625$
（約6%）

$k=5$時
（1種組合）

機率：
$\frac{1}{32} = 0.03125$
（約3%）

根據以上整理，可以得到與上方列表相同的值。
A的正面最多連續出現3次；B的正面最多連續出現5次。觀察上方列表中 $n=100$ 那一行，$k=3$ 的機率約3%，而 $k=5$ 的機率約26%。因此，像A這樣的結果比B更不容易出現，可以做出A極有可能是偽造的結論。

這裡要注意的是，擲100次硬幣，正面連續出現5次以上的機率。這個機率是將表格 $n=100$ 欄中所有 $k=5$ 以上的機率加起來計算的結果，其值為81%。換句話說，如果擲100次硬幣，有81%的機率會連續出現5次以上的正面。

我們往往預期擲100次硬幣時，同一面連續出現好幾次的機率應該不高。然而，實際上正面有81%的機率會連續出現5次以上。在一開始的問題中，大學教授因為知道這一點，所以才能識破學生偽造結果。

根據以上結論，正面（或反面）最多只有連續出現3次的A是偽造的。對於這類隨機現象，如果光憑直覺，有可能會誤判，所以最好注意一下。

A. A是偽造結果，B則是擲實際硬幣的結果。

西克曼骰子

點數異常與一般點數的骰子各兩顆，兩者所擲出的點數和相同。這是要怎樣的骰子才做得到？

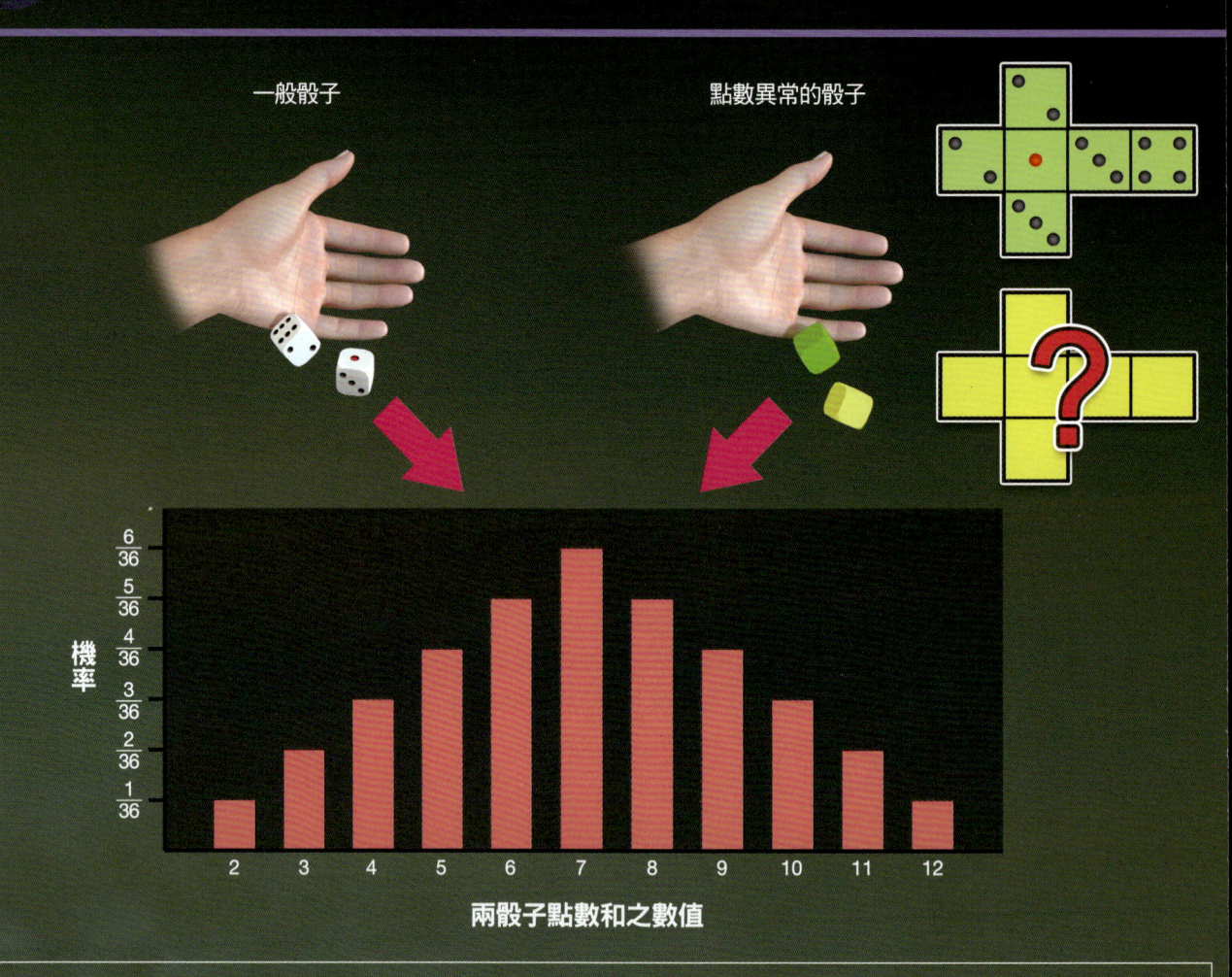

一般骰子　　　　　點數異常的骰子

機率

$\frac{6}{36}$
$\frac{5}{36}$
$\frac{4}{36}$
$\frac{3}{36}$
$\frac{2}{36}$
$\frac{1}{36}$

2　3　4　5　6　7　8　9　10　11　12

兩骰子點數和之數值

擲兩個骰子得到點數之和。此時，觀察每種點數和的機率，呈現如上圖所示的分布（機率分布）。現在，讓我們將其中一個骰子換成點數為「1、2、2、3、3、4」的特殊骰子（上圖的綠色骰子）。在這種情況下，為了讓機率分布與擲一般骰子時相同，另一個骰子（黃色骰子）應該會有哪些點數呢？

如何組合兩個點數異常的骰子，以獲得與一般骰子相同的機率分布（每個值出現的機率）？這裡假設點數「1、2、2、3、3、4」的骰子為A，另一個骰子為B。為了使每種點數和的機率與一般骰子相同，讓我們思考一下骰子的點數要具備哪些條件。

首先從最簡單的最小值和最大值開始思考。兩個骰子點數和的最小值為2，機率為 $\frac{1}{36}$，只有1種組合。由於骰子A的最小點數為1，因此可以得知骰子B也有一個最小的點數1。

另一方面，兩個骰子的點數和最大值為12，組合數跟點數和為2的時候相同。由於骰子A的最大點數為4，因此可以得知骰子B有一個最大的點數8。

透過這種方式，同樣可算出點數和從3到11的情況（右頁上方的「解說」），最後得到骰子B的點數為「1、3、4、5、6、8」。

著名謎題作家介紹的奇妙骰子

這些特殊的骰子是美國謎題作家西克曼（George Sicherman）所發明的，目前似乎也以「西克

解說

以下用[a,b]來表示骰子A擲出點數a、骰子B擲出點數b。另外，骰子A的兩個點數2，分別以2α、2β做區分。

① 點數和為2（1種）
骰子A的最小點數1只有一個。因此，**骰子B有一個點數為1**。

② 點數和為12（1種）
骰子A的最大點數4只有一個。因此，**骰子B有一個點數為8**。

③ 點數和為3（2種）
目前確定的點數中，下面的點數與點數和為3可能有關。
骰子A：1，2α，2β
骰子B：1
有[2α,1]和[2β,1]2種組合。
此外，如果骰子B有點數2，就要加上[1,2]的組合，那麼點數和為3的情況就不會是2種。因此，**骰子B沒有點數2**。

④ 點數和為4（3種）
跟現狀可能有關的點數如下：
骰子A：1，2α，2β，3α，3β
骰子B：1
有[3α,1]和[3β,1]2種組合。雖然還需要1種組合，但③已經提過骰子B沒有點數2，因此不會出現[2,2]這種組合。這樣就需要[1,3]的組合，因此，**骰子B有一個點數為3**。

⑤ 點數和為5（4種）
跟現狀可能有關的點數如下：
骰子A：1，2α，2β，3α，3β，4
骰子B：1，3

有[2α,3]、[2β,3]、[4,1]3種組合。另外還需要1種組合[1,4]，因此，**骰子B有一個點數4**。

⑥ 點數和為6（5種）
跟現狀可能有關的點數如下：
骰子A：1，2α，2β，3α，3β，4
骰子B：1，3，4
有[2α,4]、[2β,4]、[3α,3]、[3β,3]4種組合。儘管還需要1種組合，但③已經提過骰子B沒有點數2，因此不會出現[4,2]這種組合。這樣就需要[1,5]的組合，因此，**骰子B有一個點數為5**。

⑦ 點數和為7（6種）
跟現狀可能有關的點數如下：
骰子A：1，2α，2β，3α，3β，4
骰子B：1，3，4，5
有[2α,5]、[2β,5]、[3α,4]、[3β,4]、[4,3]5種組合。**另外還需要1種組合[1,6]，因此，骰子B有一個點數為6**。

到了這一步，可以確定骰子B的點數有1、3、4、5、6、8。接下來讓我們看看點數和8到11的組合數是否正確。

⑧ 點數和為8（5種）
有[2α,6]，[2β,6]，[3α,5]，[3β,5]，[4,4]5種組合。

⑨ 點數和為9（4種）
有[1,8]，[3α,6]，[3β,6]，[4,5]4種組合。

⑩ 點數和為10（3種）
有[2α,8]，[2β,8]，[4,6]3種組合。

⑪ 點數和為11（2種）
有[3α,8]，[3β,8]2種組合。

這樣一來，所有的組合都確認過了。

曼的骰子」（Sicherman dice）這個名稱上市。1978年，以解開各種數學謎題著稱的美國數學家加德納（Martin Gardner，1914～2010），於美國科學雜誌《科學美國人》（Scientific American）上特別為文介紹西克曼的骰子。

只有由正整數的點數組成的兩個骰子，其點數和才具有與一般骰子相同的機率分布，事實上只有西克曼的骰子具備這樣的特性。假設把骰子A的點數1換成0，那麼骰子B的點數會如何變化？如果允許使用負數又會變成怎樣？像這樣將原本的問題稍微擴展一下，就會碰到新的問題。

大家也可以嘗試挑戰各種數學謎題，或者自己創造問題，以此鍛鍊數學的思維。

A. 1、3、4、5、6、8

弗羅貝尼烏斯的硬幣交換問題解說

日本新幹線的座位問題是由「使用幣值固定的數種硬幣，計算無法支付的最大金額」的「弗羅貝尼烏斯的硬幣交換問題」改編而來。這裡以3元和5元的硬幣為例來思考。這時，檢視能否支付1元到15元的金額，結果如下（其他金額也順便檢視）。

弗羅貝尼烏斯（1849～1917）
德國數學家。特別在數學的「群論（Group theory）」領域締造非凡的成就。

1元	2元	3元	4元	5元
無法支付	無法支付	3元硬幣×1	無法支付	5元硬幣×1
6元	7元	8元	9元	10元
3元硬幣×2	無法支付（無法支付的最大金額）	3元硬幣×1 5元硬幣×1	3元硬幣×3	5元硬幣×2
11元	12元	13元	14元	15元
3元硬幣×2 5元硬幣×1	3元硬幣×4	3元硬幣×1 5元硬幣×2	3元硬幣×3 5元硬幣×1	5元硬幣×3

已知無法支付的最大金額為（AB-A-B）元，以3元和5元為例：
3×5－3－5 = 15－8 = 7元，與上表一致。

A. 只要是2人以上，不論是多少人組成的團體，都可以跟同伴坐在一起。

砝碼問題解說

如下表的○所示，可以1、2、4、8、16、32公克的砝碼組合出1到50公克的重量。確實以精準的1公克為單位測量。

希望測量的重量	32	16	8	4	2	1
1						○
2					○	
3					○	○
4				○		
5				○		○
6				○	○	
7				○	○	○
8			○			
9			○			○
10			○		○	
11			○		○	○
12			○	○		
13			○	○		○
14			○	○	○	
15			○	○	○	○
16		○				
17		○				○

希望測量的重量	32	16	8	4	2	1
18		○			○	
19		○			○	○
20		○		○		
21		○		○		○
22		○		○	○	
23		○		○	○	○
24		○	○			
25		○	○			○
26		○	○		○	
27		○	○		○	○
28		○	○	○		
29		○	○	○		○
30		○	○	○	○	
31		○	○	○	○	○
32	○					
33	○					○
34	○				○	

希望測量的重量	32	16	8	4	2	1
35	○				○	○
36	○			○		
37	○			○		○
38	○			○	○	
39	○			○	○	○
40	○		○			
41	○		○			○
42	○		○		○	
43	○		○		○	○
44	○		○	○		
45	○		○	○		○
46	○		○	○	○	
47	○		○	○	○	○
48	○	○				
49	○	○				○
50	○	○			○	

這種測量方式可以重新解釋成「利用重量為2之冪次方的砝碼來表示所有重量」。這種思考方式與利用「二進制」來表示所有數字的思維相同。

在日常生活中，我們是以「十進制」來表示數字。十進制是藉由10之冪次方組合的方法來表示數字。以357這個數字為例：

$357 = 3×100 + 5×10 + 7×1$
$ = 3×10^2 + 5×10^1 + 7×10^0$

因此，它是由3個10^2（＝100）、5個10^1（＝10）、7個10^0（＝1）組成的數字來表示。每個位數的數值在0至9之間。
同樣地，二進制是藉由2之冪次方組合的方法來表示數字。每個位數的數值不是0就是1，以2^0（＝1）、2^1（＝2）、2^2（＝4）……組合的方式來表示。因此，十進制的357，在二進制中為：

$357 = 1×256 + 0×128 + 1×64 + 1×32 + 0×16 + 0×8 + 1×4 + 0×2 + 1×1$
$ = 1×2^8 + 0×2^7 + 1×2^6 + 1×2^5 + 0×2^4 + 0×2^3 + 1×2^2 + 0×2^1 + 1×2^0$

換言之，在十進制中表示為357的數字，在二進制中是以101100101來表示。
使用二進制時，每個位數只能為0或1，亦即「有或無」。在電腦中是轉換成「是否有電壓」之類的資訊來表示不同的數字。

A. 1、2、4、8、16、32公克的砝碼各需要一個。

4張卡片問題解說

E K 4 7

⬇ 翻開

只要是偶數就OK

規則是「母音的背面為偶數」，因此先翻開母音的「E」，確認背面是否寫著偶數。

E K 4 7

還有一種方法可以確認是否遵循規則（命題），那就是檢視其對偶。「母音背面寫著偶數」的對偶為「奇數背面寫著子音」，所以我們翻開上面寫有奇數「7」的卡片，確認背面是否寫著子音。

⬇ 翻開

只要是子音就OK

E K 4 7

❌ 不必翻開

有些人可能認為需要確認一下偶數的背面是否寫著母音。然而，「若是偶數則為子音」是原始命題的逆命題，由於真假未必與原始命題一致，因此沒有必要翻開。

命題	逆命題
若是母音則為偶數	若是偶數則為母音
若是子音則為奇數	若是奇數則為子音
否命題	對偶

這裡針對原始規則（命題），列出逆命題、否命題與對偶的命題。其中，命題和對偶在真假上是一致的，而逆命題與否命題則未必與命題的真假一致。

A. 必須翻開「E」的卡片和「7」的卡片，確認兩張卡片的背面是偶數和子音。

美術館定理解說

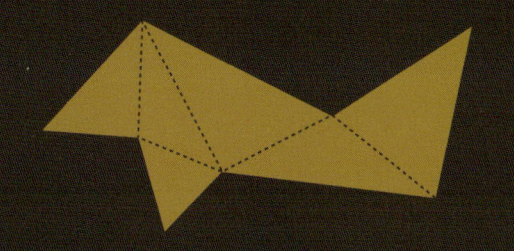

① 將美術館地板分割成三角形

首先,如圖所示,用對角線連接館內地板各個角頂點,將地面分割成數個三角形。這時請注意對角線之間不能相互交叉。注意除左圖的方法之外,還有其他方法可分割三角形。

② 為各個頂點配色

接著給各個頂點配色。這時要儘量避免分配相同顏色給相鄰的頂點。實際進行配色,只要3種顏色便足以分配給每個頂點。此外,所有三角形都有這3種顏色的頂點。

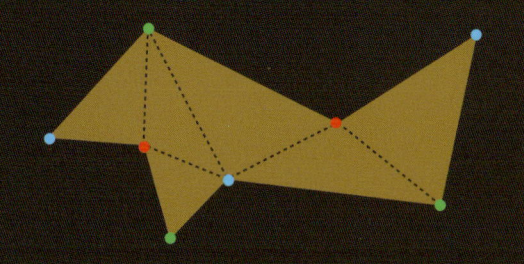

③ 配置保全人員

根據②的結果,只要在3種顏色其中之一(例如紅色)的頂點配置保全人員,就能監控所有的三角形(左圖);同樣地,也可以配置在藍色或綠色的頂點。因此,選擇3種顏色中數量最少的頂點(圖中為紅色)配置保全人員即可。

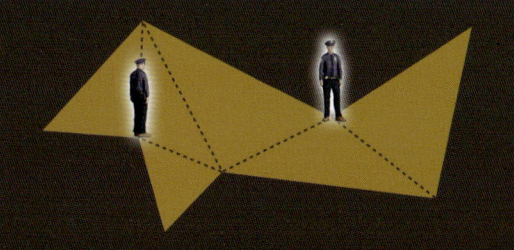

A. 以圖中八邊形的美術館為例,只需2人就夠了。

圓的直徑與圓周長解說

圓周長可用半徑 $2\pi r$ 來表示。因此,以地球半徑約 6400 公里來計算繞地球一圈的圓周長,得到:

$2 \times \pi \times 6,400$ 公里 $= 2 \times \pi \times 6,400,000$ 公尺(1公里=1000公尺)
$\qquad\qquad\qquad = 40,212,385.965\cdots\cdots$ 公尺

因此,我們需要用4021萬2385.965公尺(約4萬公里)長的繩子,才能剛好纏繞地球一圈。
另一方面,為了讓這個半徑增加 1 公尺(=繩子自地面抬升 1 公尺),需要算出當半徑增加 1 公尺時的圓周長,才能得到與未抬升前之間的長度差。這裡將前面計算的半徑增加 1 公尺,則:

$2 \times \pi \times 6,400,001 = 40,212,392.249\cdots\cdots$ 公尺

計算與前面之值兩者間的差異,則

$40,212,392.249 - 40,212,385.965 \fallingdotseq 6.28$ 公尺

換言之,若繩子的長度增加約 6.28 公尺,就能讓剛好纏繞地球 1 圈的繩子離地上升 1 公尺。

這裡試著將原始圓的半徑設為 r 公尺進行計算。當半徑長度增加 1 公尺時,圓周的長度為 $2\pi(r+1)$。由於原始圓的周長為 2π,因此增加的長度為:

$2\pi(r+1) - 2\pi r = 2\pi r + 2\pi - 2\pi r$
$\qquad\qquad\qquad = 2\pi$
$\qquad\qquad\qquad =$ 約 6.28 公尺

由此可見,無論原始半徑有多大,我們都需要將繩子加長 6.28 公尺,才能使纏繞在球體一圈的繩子自地面抬升 1 公尺。
在解數學問題的時候,有些人會因為使用文字計算難以理解具體的含義,所以覺得很困難。但其實有時利用文字來計算一般的值反而比較輕鬆。

A. 6.28公尺

圓周角定理解說

圓周角定理

圓周角定理（點A和點B為直徑的兩端時）

圓周角定理包含各式各樣的內容，這個問題中最重要的是上圖所顯示的事實。取圓周上不同的兩點A和B，以及另一個點P，此時從點P畫2條連線接到點A和點B，這2條線所形成的夾角為「圓周角」，而圓心O與點A和點B的2條連線所形成的夾角則為「圓心角」，圓周角的大小是圓心角的一半。

這裡將直徑兩端的點設為A和B，此時圓心角的大小為180°，而圓周角的大小則為90°（上方右圖）。相反地，當圓周角的大小為90°時，若將形成圓周角之弧的兩個端點連接起來，就是圓的直徑。

只要利用這一點，我們就能用曲尺準確地量出原木的直徑。如果將曲尺的直角頂點置於原木的圓周上，令曲尺兩腳與原木圓周的交點連接起來，即可量出直徑。

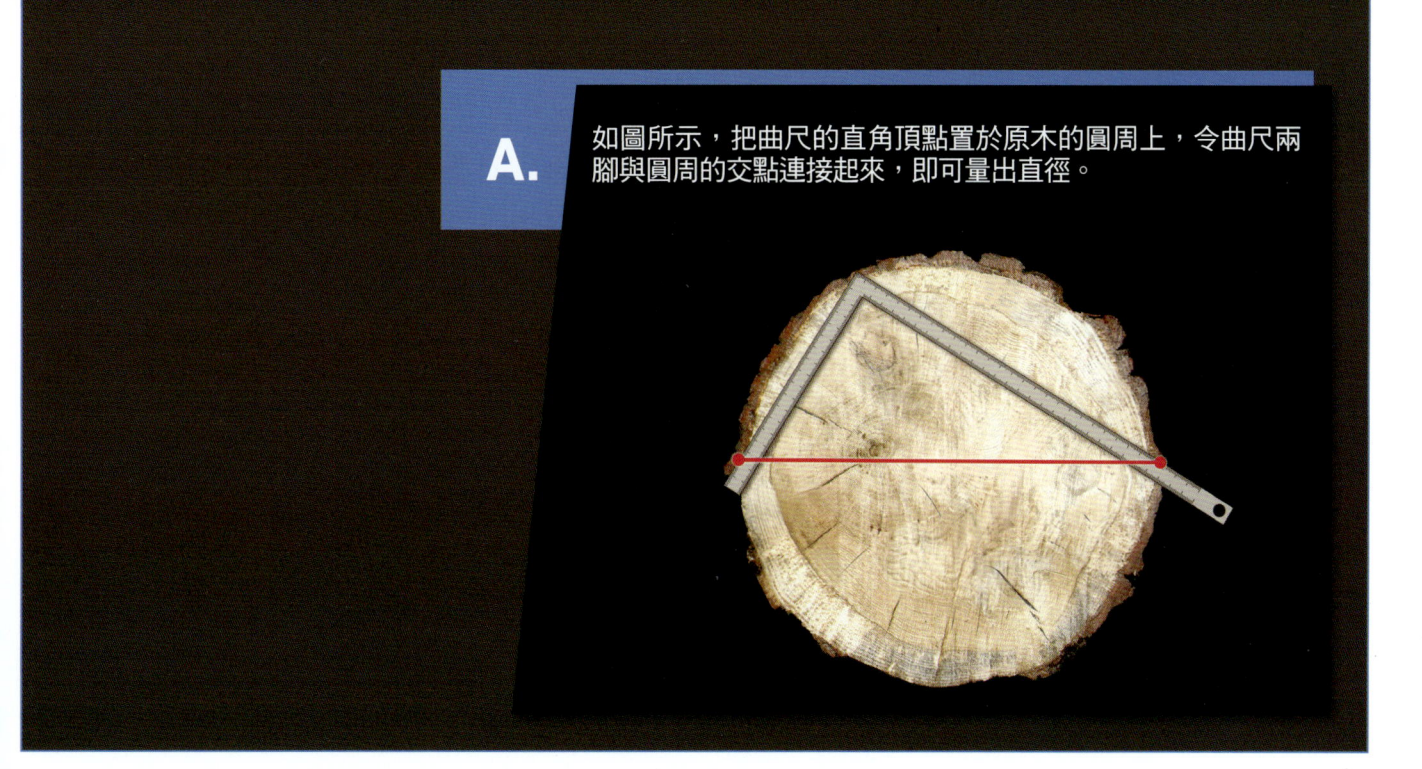

A. 如圖所示，把曲尺的直角頂點置於原木的圓周上，令曲尺兩腳與圓周的交點連接起來，即可量出直徑。

正方形的裝箱解說

如左圖所示，n＝1～10的裝箱方法相對比較容易想像。然而，隨著n值變大，直覺上匪夷所思的裝箱方法也會增加。以下是目前為止發現的幾個最佳裝箱方法。第73頁上方顯示的參考網站有n＝1～89（可以直接填滿的數目除外）的範例，有興趣的人務必確認一下。

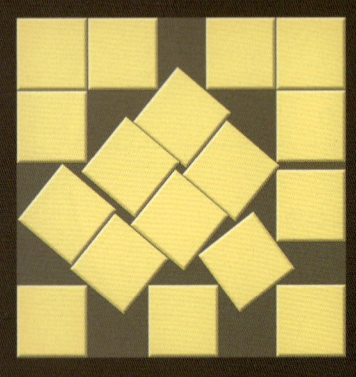

n = 17 時
內側的七個正方形，方向和組合方式各有微妙的差異，呈現出複雜的形狀。

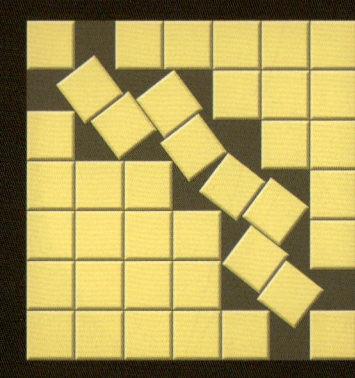

n = 39 時
連接大正方形的左上和右下頂點，接近對角線的對稱形狀，但小正方形的配置很複雜。

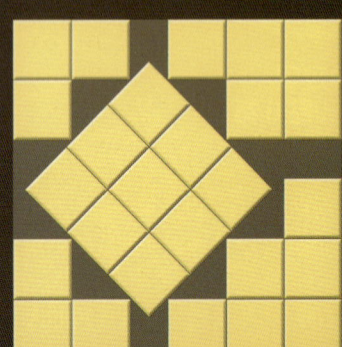

n = 26 時
看似具有對稱性，但無論上下左右，或對其他特定的軸都不對稱。

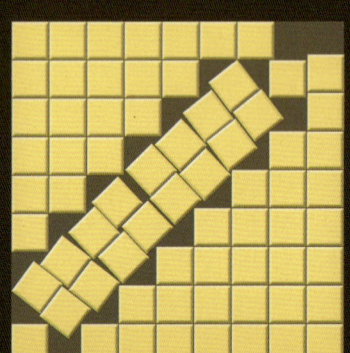

n = 69 時
右上角空了出來。除了n＝3和n＝8這類明顯的例子之外，空出四個角其中之一的裝箱方式相對比較罕見。

A. 像圖中所示的裝箱方式，據說是迄今為止浪費空間最少的方法。不過，目前尚未證實這是最有效率的裝箱方式。

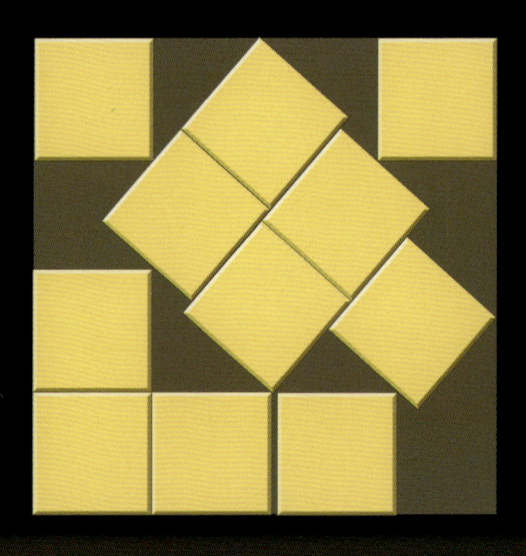

費米推論的解說

① 市區大約幾平方公里會有1家便利商店？

在市區的車站周圍幾百公尺通常會有4到5家便利商店，然而離車站愈遠，便利商店就愈少。平均下來，假設市區每平方公里會有1家便利商店。

② 市區和鄉間的便利商店家數大概相差幾倍？

通常鄉間每座車站前可能只有1家便利商店，小一點的車站周圍可能1家也沒有，相對較大的車站前才有1家。假設平均下來是市區的10分之1。

③ 日本的城鄉面積比是多少？

日本的平地很少，據說山地占總面積約75%。市區基本上都建設在平地上，假設25%的平地約有一半面積為市區，那麼城鄉面積比估計差不多約為1：9。

④ 日本國土的總面積是多少？

這裡知識非常重要。舉例來說，可以試著根據自己所在的都道府縣幅員進行估算。筆者以前曾在電視節目中聽說北海道的面積約為8萬平方公里，放到本州來看，大約可以覆蓋東京到大阪的範圍；從這個比例來推斷，日本國土的面積大概是北海道的5倍，約為40萬平方公里。事實上，日本國土的總面積約為37萬8000平方公里，這個估計在某個程度上可以說很不錯了。

⑤ 進行計算

綜合①到④的結論，計算結果如下：

$$(\underbrace{1}_{\text{市區每平方公里的便利商店家數}} \times \underbrace{0.1}_{\text{市區占日本國土的比例}} + \underbrace{0.1}_{\text{鄉間每平方公里的便利商店家數}} \times \underbrace{0.9}_{\text{鄉間占日本國土的比例}}) \times \underbrace{400000}_{\text{日本國土面積（平方公里）}} = 76000 \text{ 家}$$

綜上所述，日本的便利商店家數估計約有7萬6000家。根據各種統計數據，據說日本全國約有5萬家便利商店。費米推論中，在實際值0.2到5倍之間就可以視為不錯的估計，因此上述估計也可以說是相對不錯的。

※：日本國土地理院『1. 地形分類 2. 自然區域的名稱』
（https://www.gsi.go.jp/atlas/archive/j-atlas-d_2j_02.pdf）

A. 活用自身的知識，試著自行估算。若結果落在約1萬至10萬家附近，就可以說是不錯的估計。

4 藉助悖論培養數學素養

數學和邏輯引導出來的結果都是客觀和正確的。然而，由此得出的數學結論，有時會偏離人們的直覺，這些現象經數學家和科學家驗證而視為悖論。本章將介紹過去數學家和科學家發現的各種數學悖論，在享受悖論樂趣的過程中，會自然而然地培養數學的素養。

92	賭徒謬誤	104	聖彼得堡悖論
94	小貓悖論	106	辛普森悖論
96	生日悖論	108	交換悖論
98	伯特蘭箱子	110	伽利略悖論
100	3囚徒困境	112	無限旅館悖論
102	蒙提霍爾問題	114	湯姆生燈悖論

協助　今野紀雄

賭徒謬誤

連續5次都是「黑色」！
下次絕對會出現「紅色」!?

某天，一名賭徒在賭場玩輪盤。賭場輪盤的規則很簡單，玩家只要預測球會停在紅色或黑色的格子即可下注。輪盤上紅色和黑色格子的數量皆相同。

第1局的結果是黑色，第2局也是黑色，第3局也是，第4局也是，第5局還是黑色。

賭徒已經確認過那個輪盤沒有動過手腳，於是如此心想：

「連續5次出現黑色的機率是 $\frac{1}{2} \times \frac{1}{2} \times \frac{1}{2} \times \frac{1}{2} \times \frac{1}{2} = \frac{1}{32}$

下一局再出現黑色，也就是連續6局出現黑色的機率是 $\frac{1}{64}$，只有1.5625％。因此，下一局出現紅色的機率超過98％！我要押大注在紅色上。」

問題來了，賭徒的這種想法是

輪盤的規則

・預測球會停在紅色或黑色的格子內而進行下注。
・輪盤上紅色和黑色格子的數量皆相同。

否正確？

　先說結論，這位賭徒的想法是錯誤的。如果是紅色和黑色出現機率均為 $\frac{1}{2}$ 的輪盤，那麼無論過去的結果如何，紅色出現的機率始終是 $\frac{1}{2}$。

　剛才提到的連續6次出現黑色的機率為1.5625%，這個值是指「連續6次出現黑色的機率」，而非「下次出現黑色的機率」。下次出現黑色的機率，跟出現紅色的機率一樣都是 $\frac{1}{2}$。過去的結果不會對未來產生影響。

　確實，當同樣的顏色連續出現好幾次時，人們不免會產生「下次應該要出現另一種顏色了吧？」這樣的心態。在日常生活中也是一樣，一旦連續不斷地成功，人們可能會認為「該不會快要失敗了吧？」而開始焦慮不安，這種錯覺就稱為「賭徒謬誤」。謬誤是「錯誤」的意思。

短期（玩輪盤的次數不多）的機率往往會大幅偏離原本的機率，使結果出現「大幅波動」。然而，長期（玩輪盤的次數較多）的機率會趨近原本的機率，出現「較為穩定」的結果。

輪盤連續5次出現黑色！

第1次	第2次	第3次	第4次	第5次	第6次
黑	黑	黑	黑	黑	？

下次絕對是紅色？

賭徒的誤解

黑色連續出現6次的機率為：

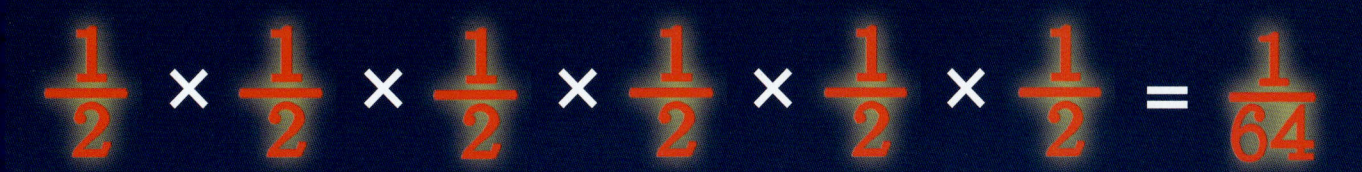

$$\frac{1}{2} \times \frac{1}{2} \times \frac{1}{2} \times \frac{1}{2} \times \frac{1}{2} \times \frac{1}{2} = \frac{1}{64}$$

也就是說，只有1.5625%。這表示，下次出現紅色的機率超過98%！好，我要押大注在紅色上。

這個想法是錯誤的（賭徒謬誤）。連續6次出現黑色的機率1.5625%，這個值只不過是「連續6次出現黑色的機率」，而非「下次出現黑色的機率」。

正確機率為 $\frac{1}{2}$

如果輪盤出現紅色和黑色的機率都是 $\frac{1}{2}$，那麼無論過去的結果如何，出現紅色的機率始終是 $\frac{1}{2}$，下次出現黑色的機率一樣也是 $\frac{1}{2}$。過去的結果不會對未來產生影響。

小貓悖論

生小貓會是怎樣的公母組合可能性較高？

假設鄰居養的貓生了4隻小貓。等小貓長大一些後，所有貓都將送到你家飼養。小貓有公有母，你打算依性別區分，為小貓準備兩個房間。公母各生幾隻，對於需要考慮房間大小的飼養者來說，是一個需要關注的問題。

4隻小貓性別的可能組合包括全是公貓（母貓）、3隻公貓（母貓）和1隻母貓（公貓），以及公貓和母貓各2隻。

生下來的小貓為公或母的機率都是 $\frac{1}{2}$。因此，你可能會想：「公母依1：1的比例出生，應該

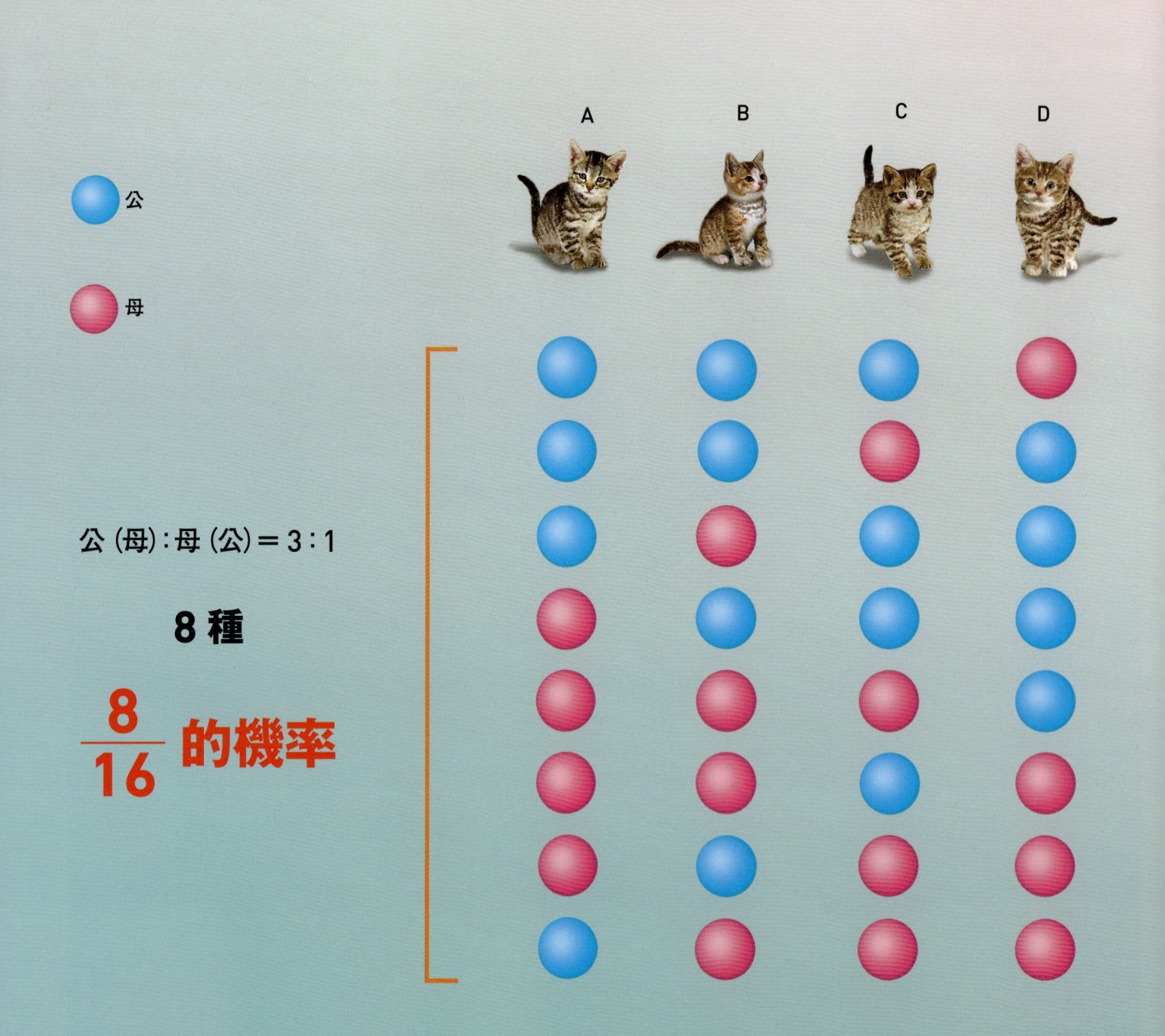

○ 公

○ 母

公（母）：母（公）＝ 3：1

8 種

$\frac{8}{16}$ **的機率**

94

是最有可能發生的情況。也就是說，生下來的4隻小貓中，公母各有2隻的可能性最高。」這樣的想法是否正確呢？

假設我們將4隻小貓分別命名為A、B、C、D，將牠們身為公或母的所有可能組合寫成下表。每隻小貓都有身為公或母2種可能性，由於有4隻小貓，因此總共有2^4種，也就是16種組合。

從表中可以看出，公母依1：1比例出生的組合有6種。在所有16種組合中，1：1比例的組合發生機率為$\frac{6}{16}$。

另一方面，公母（或母公）依3：1比例出生的組合有8種。換言之，這種組合發生的機率為$\frac{8}{16}$。

跟直覺相反，與公母（或母公）依1：1比例出生的機率相比，則3：1這種單一性別較多的比例出生的機率最高。也就是說，直覺是錯的。

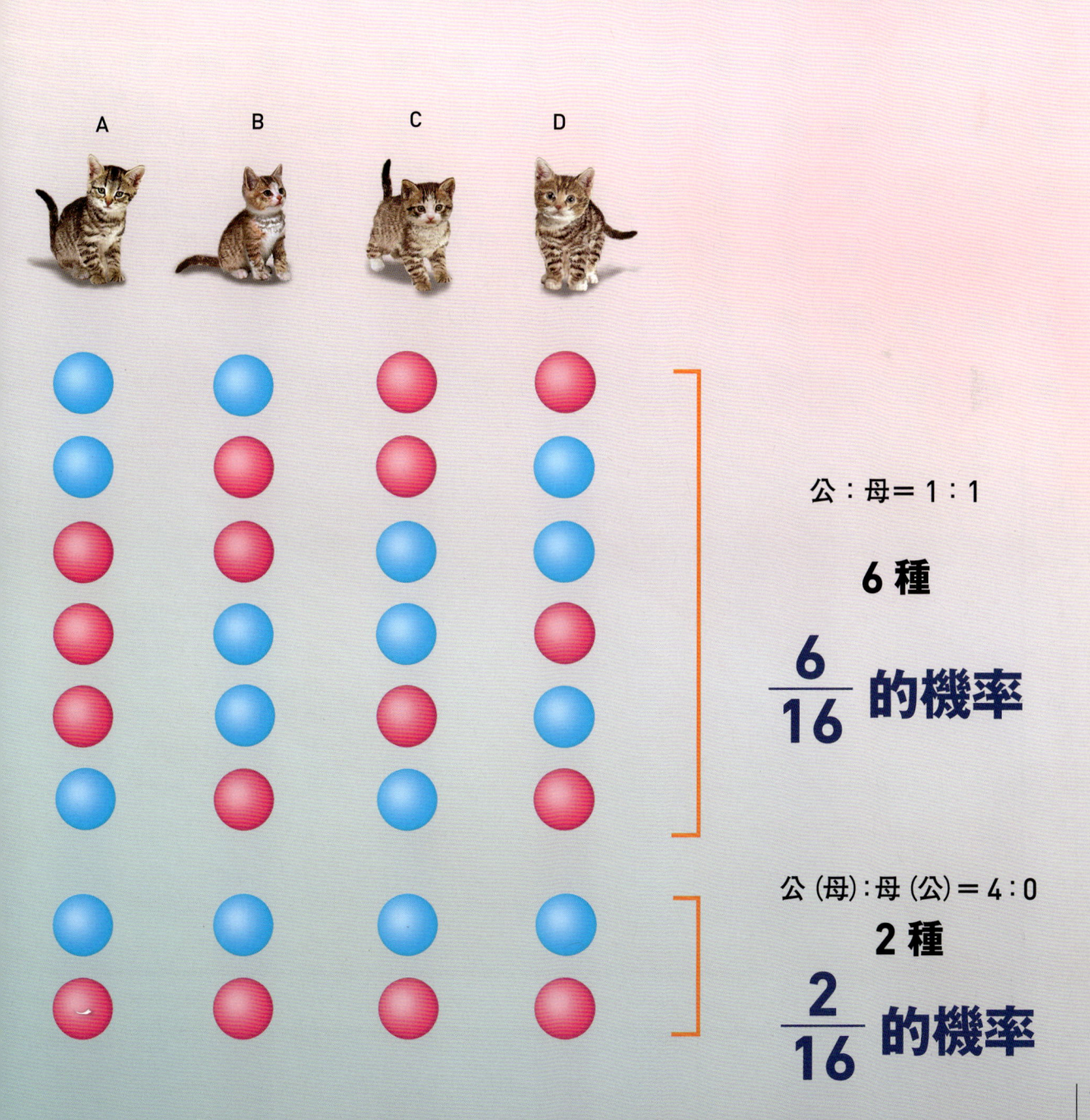

公：母＝1：1

6種

$\frac{6}{16}$ 的機率

公（母）：母（公）＝4：0

2種

$\frac{2}{16}$ 的機率

生日悖論

需要幾個人才能讓生日相同者出現的機率達到50％？

需要幾個人才能讓至少兩個生日相同者出現的機率為50％？且讓我們來仔細思考這個問題。

假設不考慮閏年，1年有365天，如果有365個人，就能填滿所有的日子，只要有366個人，便有100％的機率會出現同一天生日的人。不過，這個問題要計算的是50％的機率，因此人數應該遠小於這個數字。現在，讓我們試著用50人來計算。

在這種情況下，要計算的機率是（至少有一對生日相同的組合數）÷（50人全部的生日組合數）。50人全部的生日組合為365^{50}……也就是<A>。然而，計算至少有一組人生日相同的組合數相當麻煩。

在這種情況下可以將算法改成只要計算「50人生日皆不同的機率」，然後再用1減掉這個數字，就能得到「至少有一組人生日相同的機率」。

50人生日皆不同的組合，可循以下思路再予計算。首先，第1個人的生日可以是任何一天，所以有365種可能。第2個人的生日必須避開第1個人的生日，所以有365－1＝364種可能。第3個人必須避開第1個人和第2個人的生日，所以有365－2＝363種可能。依此類推，直到考慮第50個人的生日，50人生日皆不同的組合為365×364×363×……×（365－49）……<B>。

50人生日皆不同的機率可用B÷A算出來。經過計算，機率大約為0.03。因此，「至少有1組人生日相同的機率」為1－0.03＝0.97＝97％這表示，只要有50個人，幾乎可以肯定會有兩個人的生日在同一天。按照相同的計算方式，如果有30個人，出現兩人生日相同的機率約為70％。這個機率仍然超過題目需要的50％。事實上只需要23個人，就有50％的機率會出現兩個同一天生日的人。

因此，直覺上看似不太可能發生的現象，實際上發生機率是高出預期的。

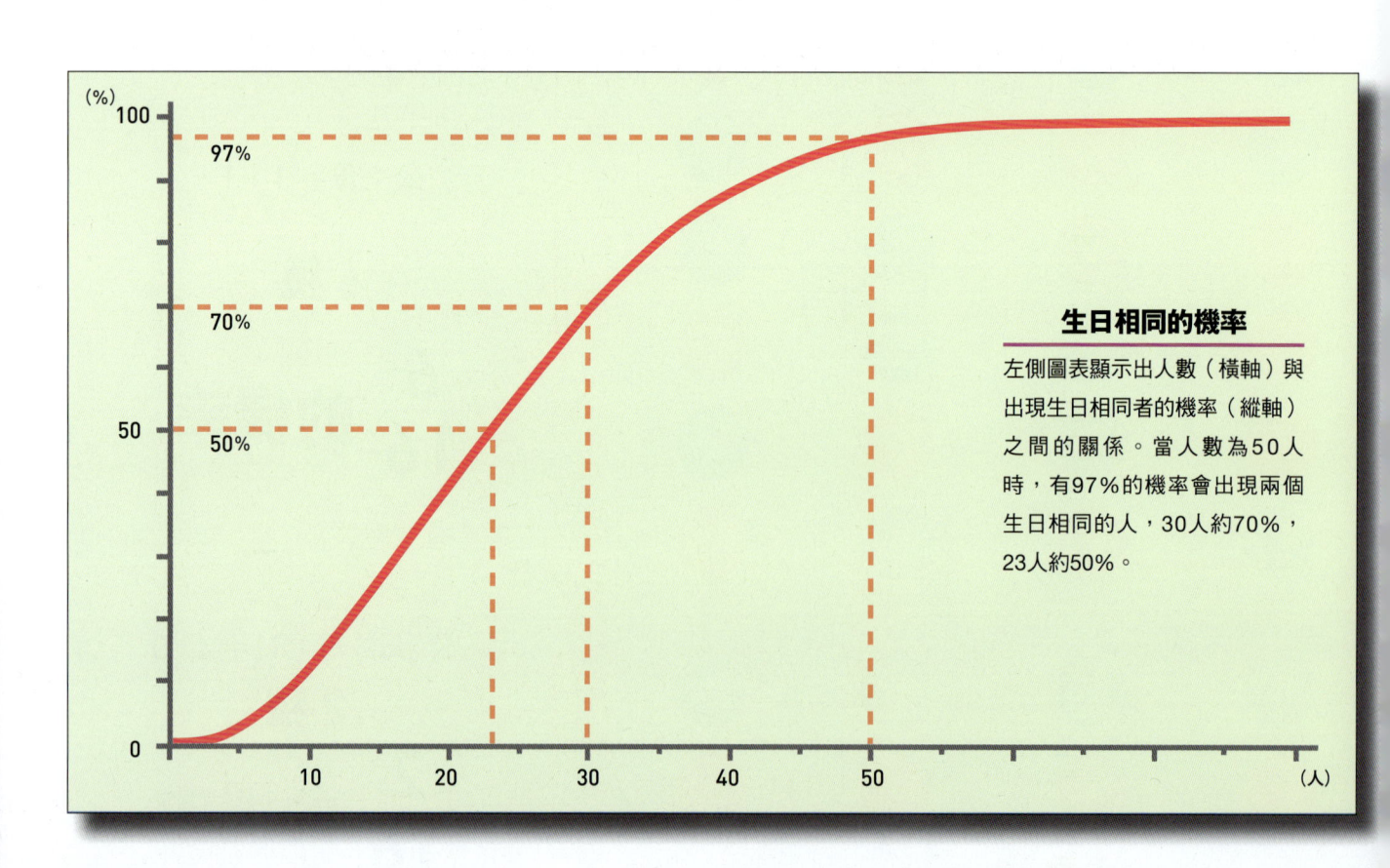

生日相同的機率

左側圖表顯示出人數（橫軸）與出現生日相同者的機率（縱軸）之間的關係。當人數為50人時，有97％的機率會出現兩個生日相同的人，30人約70％，23人約50％。

50人的生日有多麼容易重疊？

如果將50人的生日視為「放入365個格子之中的50顆球」會怎麼樣？

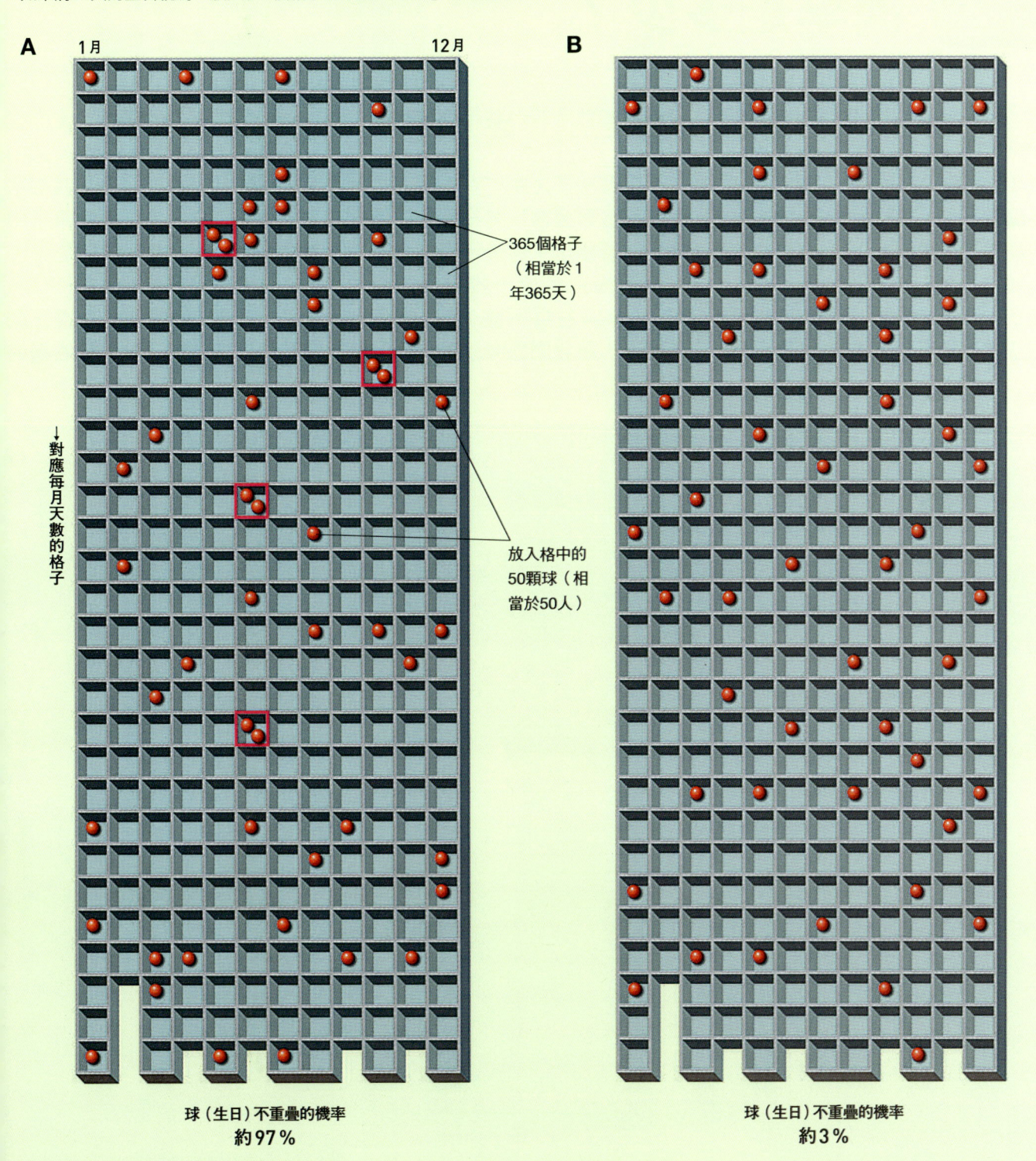

A 1月　　　　　　　　　　12月

365個格子（相當於1年365天）

↓對應每月天數的格子

放入格中的50顆球（相當於50人）

球（生日）不重疊的機率
約97％

B

球（生日）不重疊的機率
約3％

將50人的生日視為「放入365個格子之中的50顆球」來思考。

　A是舉例說明逐顆將球放入電腦隨機選擇的格子時的情形（由編輯部執行）。在這種情況下，1個格子至少放入2顆球（生日重疊）的機率約為97%。

　另一方面，B是舉例說明刻意分散50顆球以免在同一個格子重疊的情形。則球完全沒有重疊（生日沒有重疊）的機率只有約3%。

97

伯特蘭箱子

箱子裡為金幣和銀幣的機率是多少？

此單元介紹法國數學家伯特蘭（Joseph Bertrand，1822～1900）所提出名為「伯特蘭箱子」（Bertrand's box）的悖論。

假設面前有三個箱子，每個箱子中間都有隔板，分成左右兩個空間，箱蓋也可左右兩邊分別打開。當然，箱外看不到箱裡的東西。

「三個箱子之中，有一個左右兩邊都放著金幣，另一個左右兩邊都放著銀幣，最後一個則是左右兩邊分別各放一枚金幣或銀幣」（參照左頁下圖）。在這個前提下，讓我們思考以下問題。

首先是第一個問題。「當你從三個箱子中選擇一個時，選中金、銀幣各一枚的箱子，其機率是多少？」由於是從3個箱子中選擇1個，因此機率當然是 $\frac{1}{3}$，這一點應該毋庸置疑。

再來是第2個問題。你從三個箱子中選擇一個，並打開右邊的

面前的三個箱子

現在，你面前有三個箱子。箱子中間有隔板，分成兩個空間。這些箱子裡放有金、銀幣，其放置方式分別是金、銀幣都有，或只有金幣，又或只有銀幣。實際上無法從箱外看到箱裡的東西，箱子左右兩邊的蓋子可以分別打開。

左右兩邊都放著銀幣的箱子

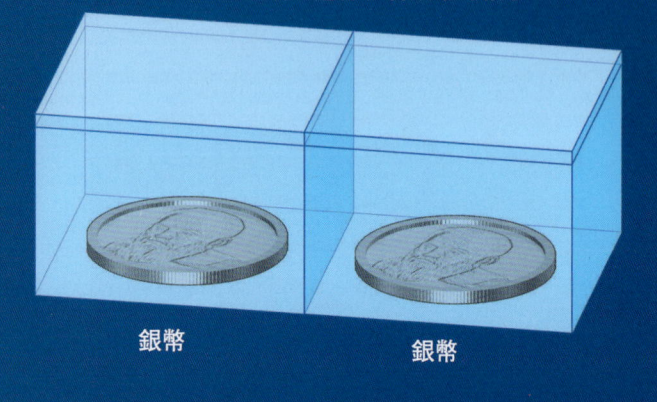

銀幣　　銀幣

左右兩邊都放著金幣的箱子

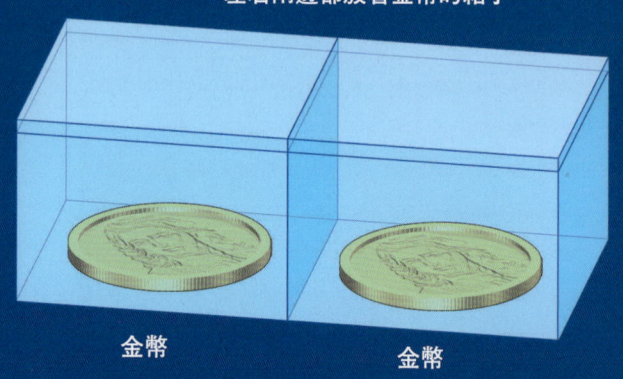

金幣　　金幣

左右兩邊分別放著銀幣和金幣的箱子

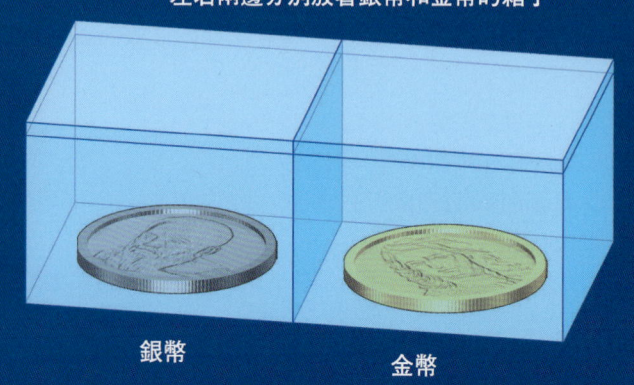

銀幣　　金幣

蓋子，發現裡頭放著金幣。這時，此箱中金、銀幣各放一枚的機率是多少？

由於箱子裡放著金幣，可以確定這個箱子起碼不是兩邊都放著銀幣。箱子的選項被縮小成兩個，因此機率為 $\frac{1}{2}$。但這樣的想法是否正確？

現在假設你選擇的箱子右側裝的是銀幣。這樣一來就能確定這是個並非兩邊都放著金幣的箱子，機率就像上面所說的一樣變成 $\frac{1}{2}$。

也就是說，無論你選擇的箱子右側放的是金幣或銀幣，機率都從 $\frac{1}{3}$ 增加到 $\frac{1}{2}$。然而，如果仔細想想，在打開箱蓋之前，你早就知道箱子右側放的不是金幣就是銀幣，而你只是確認已知的事情；換句話說，在打開箱蓋的時候，資訊量並沒有增加，但機率卻從 $\frac{1}{3}$ 變成 $\frac{1}{2}$，這樣的結果不是很奇怪嗎？

事實上，這個問題的正確答案是 $\frac{1}{3}$。當選擇的箱子右側放的是金幣時，就排除放兩枚銀幣的箱子，這樣的想法沒有問題。

其餘兩個箱子不是放著兩枚金幣就是金、銀幣各放一枚。因為一共有三枚金幣，其中兩枚是放進兩邊都是金幣的箱子，所以選中兩邊都放金幣的箱子的機率為 $\frac{2}{3}$。因此，你選中箱裡放有金幣和銀幣的機率為 $\frac{1}{3}$。

選中箱裡放有金幣和銀幣的機率是多少？

你從三個箱子中選擇一個，打開右側箱蓋，發現裡頭裝的是金幣。則這個箱子放著有金幣和銀幣的機率是多少？

答案是 $\frac{1}{2}$？

因為選擇的箱子裡裝著金幣，至少可以排除這是個全都放著銀幣的箱子。這時，只剩下兩個箱子。選擇的箱子是否為放著金幣和銀幣的箱子，機率是從兩個中選出一個，因此機率變成 $\frac{1}{2}$。

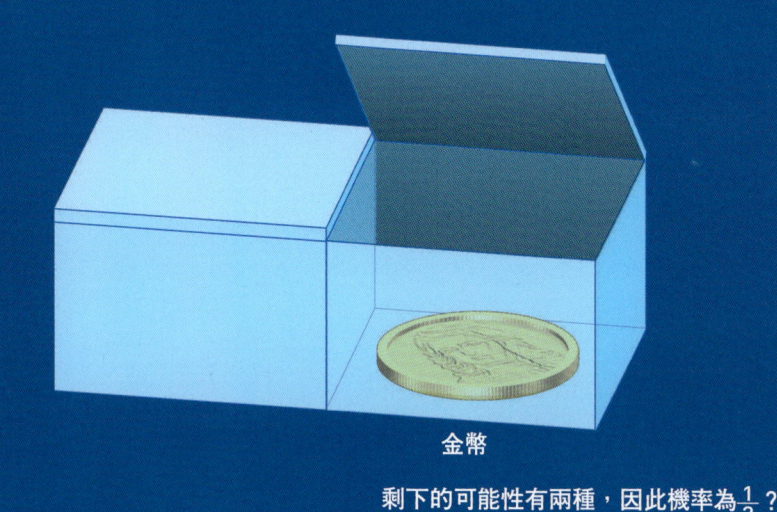

金幣

排除放著兩枚銀幣的箱子

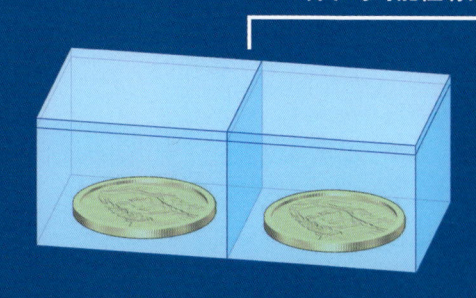

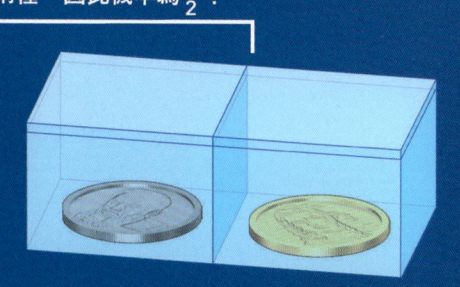

剩下的可能性有兩種，因此機率為 $\frac{1}{2}$？

正確的機率為 $\frac{1}{3}$

當選擇的箱子右側裝的是金幣時，這個箱子不是放著兩枚金幣，就是放著金幣和銀幣。因放著兩枚銀幣的箱子已排除，故此時還有二枚金幣和一枚銀幣可供選擇，所以選中金幣的機率為 $\frac{2}{3}$，選中銀幣的機率則為 $\frac{1}{3}$。

99

3 囚徒困境
遭到處決的可能性下降了嗎？

有3個性情殘暴的人組成犯罪集團（囚犯A、B、C）。有一天，犯罪集團得知傳說中之寶藏島的存在，且找到埋藏在島上的寶藏位置。可惜在前往取回寶藏的途中，3人同時遭到逮捕。

這3個人因先前犯下多起重大罪行而被判處死刑。然而，只有他們知道寶藏的位置，如果3人都遭處決，世上就沒人知道寶藏在哪裡了。因此，司法高層下令將3人中的2人處決，只有1人可以獲釋，條件是用寶藏的位置來交換赦免罪責。

3人之中誰將獲釋，已經由抽籤決定了，但囚犯並不曉得幸運獲釋者會是誰。在這種情況下，我們可以立刻得知囚犯A獲釋的機率為 $\frac{1}{3}$。

囚犯A問獄警：「我會遭到處刑嗎？」獄警只回答：「這是祕密。」聽到這個答案，囚犯A便對獄警說：「既然3人中有2人

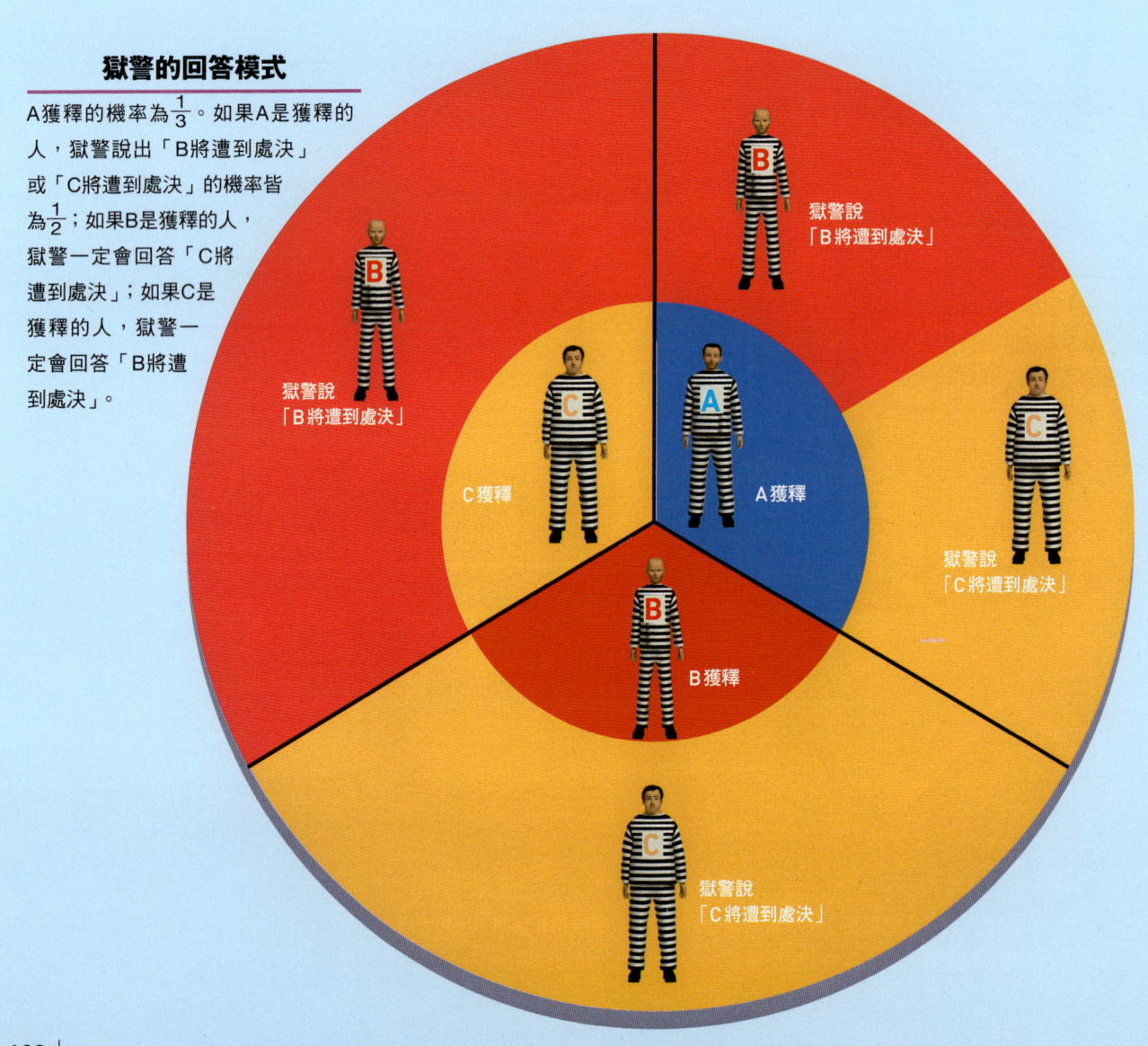

獄警的回答模式

A獲釋的機率為 $\frac{1}{3}$。如果A是獲釋的人，獄警說出「B將遭到處決」或「C將遭到處決」的機率皆為 $\frac{1}{2}$；如果B是獲釋的人，獄警一定會回答「C將遭到處決」；如果C是獲釋的人，獄警一定會回答「B將遭到處決」。

獄警說「B將遭到處決」

獄警說「B將遭到處決」

C獲釋

A獲釋

獄警說「C將遭到處決」

B獲釋

獄警說「C將遭到處決」

會遭到處決，那麼囚犯B和C當中至少有1人會遭到處決。即使告訴我其中1人，我也不知道自己會不會遭到處決，所以起碼透露一下B和C誰會遭到處決。」聽到囚犯A這麼說，獄警便告訴他：「B將會遭到處決。」

囚犯A得知B將被處決後頓時感到開心，因為他認為自己獲釋的機率變成$\frac{1}{2}$，只剩A或C兩囚犯其中1人會被處決。然而，A的想法是正確的嗎？

在沒有任何訊息的情況下，囚犯A獲釋的機率為$\frac{1}{3}$。現在，讓我們思考一下，假設囚犯A是獲釋的人。這時，B和C都會遭到處決，因此獄警告訴囚犯A「B將遭到處決」的機率和「C將遭到處決」的機率相等；換言之，要說出B或C的名字全取決於獄警，可以視為各占$\frac{1}{2}$。

如果獲釋的人是B，由於獄警不可能透露給A知道，因此只能回答「C將遭到處決」。獲釋的人是C的情況也一樣，獄警只能回答「B將遭到處決」（參照左頁下圖）。

此處獄警告訴囚犯A「B將遭到處決」，根據右頁下方的圖表，獄警「向囚犯A透露B將遭到處決」的情況，包括C獲釋的所有情況和A獲釋的一半情況，這兩種情況組合在一起時，C獲釋的機率為$\frac{2}{3}$；也就是說，囚犯A獲釋的機率仍是$\frac{1}{3}$。認為自己獲釋的機率上升而感到高興，其實只是空歡喜一場。

獄警說出「B將遭到處決」的情況

在獄警說出「B將遭到處決」的情況下，C獲釋的機率為$\frac{2}{3}$，A獲釋的機率為$\frac{1}{3}$。換言之，A獲釋的機率並沒有任何改變。

獄警說「B將遭到處決」

獄警說「B將遭到處決」

C獲釋

A獲釋

由於獄警說「B將遭到處決」，因此這一塊的可能性便消失了

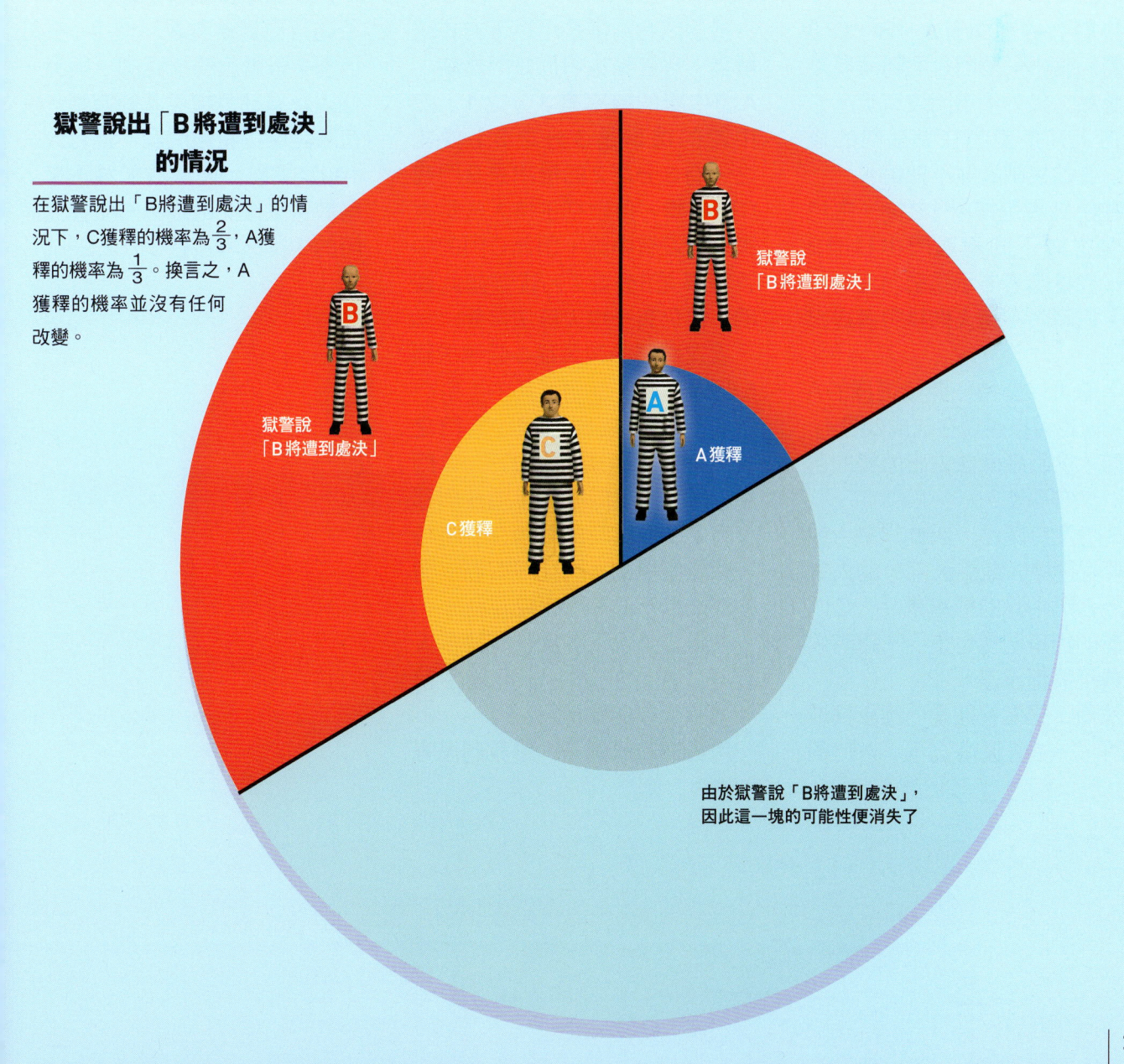

101

蒙提霍爾問題

是否應改變最初的選擇？

這裡介紹一個不容易在直覺上理解的著名「難題」，那就是蒙提霍爾問題（Monty Hall problem）。所謂的「蒙提霍爾」，其實是在1960年代開始播放的美國電視節目「Let's make a deal」中擔任主持人的演員名字。這個問題源自於主持人與希望獲得獎品的挑戰者之間所進行的策略交鋒（如果打開的門後面有山羊就表示失敗）。

挑戰者的前面有Ａ、Ｂ、Ｃ 3扇門。其中一扇門後面隱藏有豪華獎品，另外兩扇門沒有獎品。主持人知道獎品在哪扇門的後面，當然挑戰者並不知情。

在挑戰者選擇Ａ門之後，主持人會從剩下的兩扇門中打開Ｂ門，向挑戰者展示這扇門沒有中獎。這時，主持人向挑戰者提出建議：

「您可以堅持一開始選擇的Ａ門，但也可以趁現在改成Ｃ門。」這時，挑戰者應該做出怎樣的選擇，改或不改？

Ｂ門沒有獎品，因此只剩Ａ或Ｃ兩個選擇。或許大部分的人會認為Ａ門中獎的機率是 $\frac{1}{2}$，Ｃ門中獎的機率同樣也是 $\frac{1}{2}$，這時候換或不換都沒差。

然而，正確答案是「應該換成Ｃ門」。在這種情況下，Ａ門的中獎機率是 3 分之 1，Ｃ門的中獎機率是 3 分之 2，這才是正確的機率。

當美國雜誌《Parade》於1990年的專欄中介紹這個問題和答案時，有許多讀者紛紛投書到雜誌社說「答案是錯的」。（但其實答案是正確的！）

用極端的例子來思考就很容易理解

這個問題通常是用以下方式來解釋。在主持人打開Ｂ門之前，Ａ門中獎的機率是 3 分之 1，沒中獎的機率是 3 分之 2；換言之，有 3 分之 2 的機率是Ｂ門或Ｃ門中獎。但現在主持人告訴大家Ｂ門沒有中獎，因此Ｃ門的中獎機率是 3 分之 2。儘管如此說明，但仍有一堆人無法接受。

這次將門的數量從 3 個增加到5 個來思考。Ａ到Ｅ其中 1 扇門中獎。在挑戰者選擇了Ａ門之後，主持人陸續打開Ｂ門、Ｃ門和Ｄ門，向挑戰者展示這些門都沒有中獎。這時的問題在於堅持一開始選擇的Ａ門比較有利，還是改成剩下的Ｅ門比較有利。

在這種情況下，應該有許多人覺得「Ａ以外的中獎可能性都『濃縮』在Ｅ門上了」。

用更極端的例子，讓我們思考門的數量增加到100萬個的情況。如果要從「挑戰者在100萬扇門中隨機選擇的 1 扇門」和「挑戰者沒有選擇的99萬9999扇門剩下的 1 扇門」之間做選擇，後者的機率應該高得多。

「蒙提霍爾問題」是比較「隨機選擇的門中獎的機率」和「隨機選擇的門沒有中獎的機率」的問題。

仍然無法接受這個結論的人，不妨自己實驗看看。使用 1 張紅色和 2 張黑色的撲克牌，與另一個人玩猜紅色撲克牌的遊戲，反覆驗證蒙提霍爾問題。進行大約100次實驗，將數據記錄下來，應該可以確認改成另一張撲克牌時的中獎機率接近 3 分之 2。

3扇門中哪一扇中獎？（蒙提霍爾問題）

【情況1】挑戰者選擇A門

【情況2】主持人打開B門（保留C門）

在【情況2】中，計算「A的中獎機率」和「C的中獎機率」是多少？

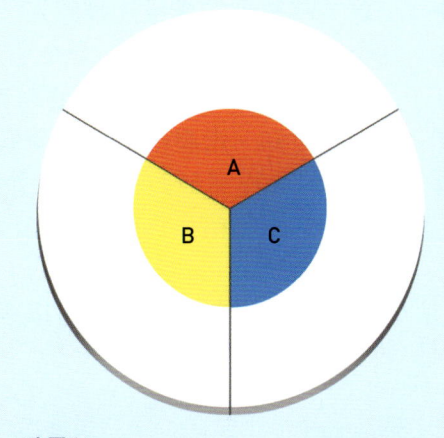

〈步驟1〉
在【情況1】中，「A中獎」、「B中獎」、「C中獎」的機率均為3分之1。我們藉3等分內側的圓餅圖來表示。

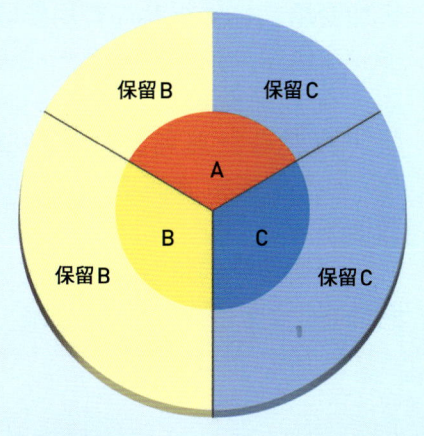

〈步驟2〉
考慮知道結果的主持人會保留哪一扇門。如果是「A中獎」，則保留B或C（假設選擇哪扇門的機率都相等）；如果是「B中獎」，就保留B；如果是「C中獎」，則保留「C」。我們可以用外側的圓餅圖表來表示，如上所示。

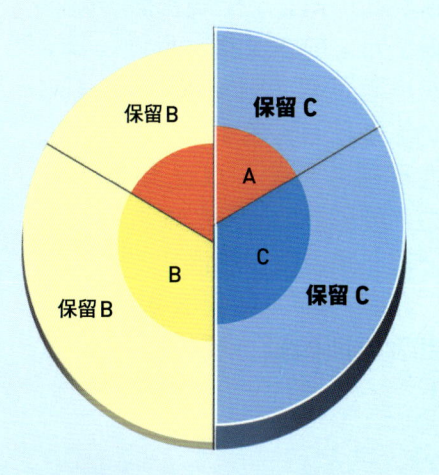

〈步驟3〉
在【情況2】中，實際上保留的是C（上方圓餅圖變厚的部分）。在這種情況下，「A中獎」的機率是3分之1，「C中獎」的機率是3分之2。

如果增加到5扇門呢？

【情況1】挑戰者選擇A門

【情況2】主持人打開B、C、D門（保留E門）

在【情況2】中，計算「A的中獎機率」和「E的中獎機率」。

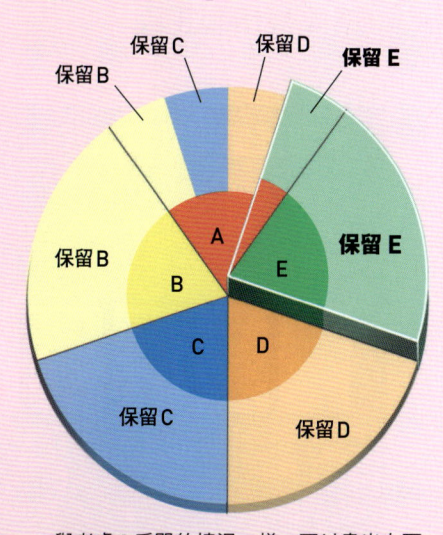

與考慮3扇門的情況一樣，可以畫出上面的圓餅圖。在主持人保留E的情況下，「A中獎」的機率是5分之1，「E中獎」的機率是5分之4。

聖彼得堡悖論

收多少錢才肯參與這場賭注？

有個不斷擲硬幣直到出現正面的遊戲。第1次出現正面，將會獲得1元。如果第1次為反面，第2次出現正面，就獲得2元；前2次都是反面，第3次出現正面，就獲得4元；前3次都是反面，第4次出現正面，就獲得8元……以此類推。總之，直到正面出現的次數每增加一次，獎金就會加倍。

順帶一提，如果是第20次才出現正面的話，獎金就是52萬4288元。由於獎金是呈倍數增加，如果連續出現反面的話，即可獲得相當可觀的金額。

若要參與這場遊戲，必須支付參加費用。你覺得參加費用要收多少才值得入局挑戰呢？一般來說，在判斷賭局是否有利的時候，我們會計算所謂的「期望值」。這是指根據機率所預期的數值（金額）。

舉例來說，假設有一個遊戲是將數字1到13的撲克牌蓋起來，從中挑選一張，根據抽中的數字得到相應的金額。若想計算這個遊戲的期望值，需要對每張撲克牌進行（獎金）×（機率）的計算，將得到的結果加總起來（參照本單元左頁下圖）。

經過計算，得到期望值為7。由此可知，遊戲的參加費用低於7元對參與者較為有利。然而，賭局的期望值通常會設定成稍微不利於玩家。莊家（主辦方）最終一定是獲益的一方。可以容許

● 遊戲規則

- 第1次出現正面　　正 ……………… 獲得 1 元　⎫
- 第2次出現正面　　反 正 ……………… 獲得 2 元　⎬ 2 倍
- 第3次出現正面　　反 反 正 ……………… 獲得 4 元　⎬ 2 倍
- 第4次出現正面　　反 反 反 正 ……………… 獲得 8 元　⎭ 2 倍

〈期望值的計算方式〉 從數字 1～13 的撲克牌中抽牌，得到與數字相同的獎金時

把數字1～13的撲克牌蓋起來，從中挑選1張，得到與數字相應的金額，計算這個遊戲的期望值。這種情況下，只要針對所有的撲克牌進行（獎金）×（機率）的計算，加總起來就能得到期望值。經過計算，期望值為7。

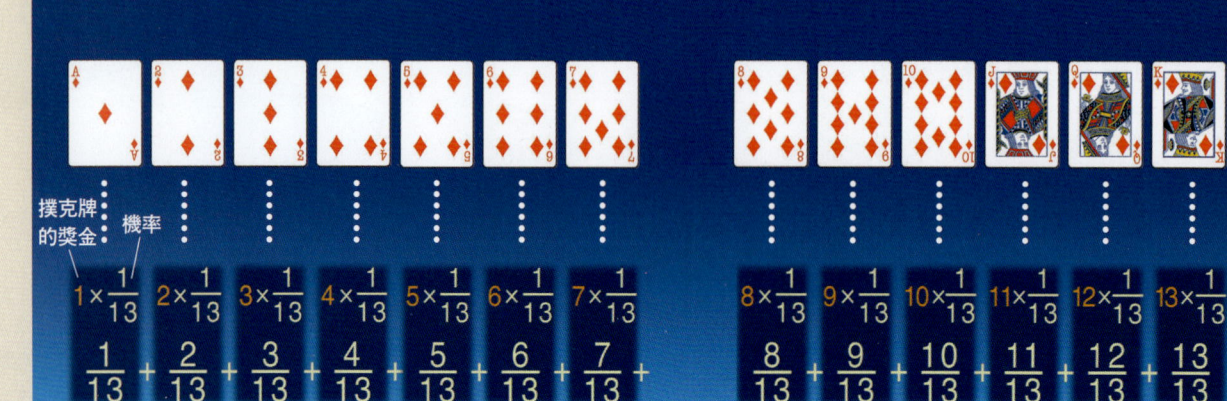

撲克牌的獎金　機率

$1 \times \frac{1}{13}$　$2 \times \frac{1}{13}$　$3 \times \frac{1}{13}$　$4 \times \frac{1}{13}$　$5 \times \frac{1}{13}$　$6 \times \frac{1}{13}$　$7 \times \frac{1}{13}$　$8 \times \frac{1}{13}$　$9 \times \frac{1}{13}$　$10 \times \frac{1}{13}$　$11 \times \frac{1}{13}$　$12 \times \frac{1}{13}$　$13 \times \frac{1}{13}$

$\frac{1}{13} + \frac{2}{13} + \frac{3}{13} + \frac{4}{13} + \frac{5}{13} + \frac{6}{13} + \frac{7}{13} + \frac{8}{13} + \frac{9}{13} + \frac{10}{13} + \frac{11}{13} + \frac{12}{13} + \frac{13}{13}$ 　期望值 $= 7$

收取多少參加費，則完全取決於玩家。

那麼，讓我們用同樣的方式，來算出前面擲硬幣遊戲的期望值。第1次出現正面的機率為 $\frac{1}{2}$，獎金為1元；第2次出現正面的機率為 $\frac{1}{4}$，獎金為2元；第3次出現正面的機率為 $\frac{1}{8}$，獎金為4元……以此類推。由於第n次出現正面的機率為 $(\frac{1}{2})^n$，獎金為 2^{n-1}，因此

$$1 \times \frac{1}{2} + 2 \times \frac{1}{4} + 4 \times \frac{1}{8} + \cdots\cdots + 2^{n-1} \times (\frac{1}{2})^n + \cdots\cdots$$
$$= \frac{1}{2} + \frac{1}{2} + \frac{1}{2} + \frac{1}{2} + \frac{1}{2} + \frac{1}{2} + \cdots\cdots$$

經過計算後，我們得知期望值竟然是「無限大」。換言之，根據機率計算出來的預期金額為無限大，所以就算參加費用是1兆元，這個遊戲也值得挑戰。

然而，要是收取1兆元的參加費用，想必沒有人願意參加。這是個瑞士數學家白努利（Daniel Bernoulli，1700～1782）於1738年所發表的悖論，並以白努利的居住地命名為「聖彼得堡悖論」（St. Petersburg paradox）。

這個遊戲的期望值是無限大，雖然計算本身並沒有錯，但事實上即使是第10次才出現正面的機率也不過 $\frac{1}{1024}$，而這種情況下的獎金只有512元。換句話說，幾乎只能獲得512元以下的獎金。

此外，期望值為無限大意味著獎金沒有上限，前提是莊家要能夠提供無限大的獎金。

這在現實中是不可能的。即使莊家身上有1億元，一旦連續27次出現反面，獎金就會超過1億元。假設莊家的預算只有1億元，遊戲就會在反面出現26次的時候結束。重新計算這種情況下的期望值，結果只有區區的14元。

莊家擁有無限支付能力，可以進行無限次遊戲，這時候的期望值確實是無限大。然而，這在現實中是不可能發生的。

●計算這個遊戲的期望值……

$$1 \times \frac{1}{2} + 2 \times \frac{1}{4} + 4 \times \frac{1}{8} + \cdots\cdots + 2^{n-1} \times (\frac{1}{2})^n + \cdots\cdots$$

$$= \frac{1}{2} + \frac{1}{2} + \frac{1}{2} + \frac{1}{2} + \frac{1}{2} + \cdots\cdots = \infty \text{（無限大）}$$

期望值竟然是無限大！！

因此，就算參加費用是1兆元，這個遊戲也值得挑戰!?
（聖彼得堡悖論）

事實上……
所謂的期望值無限大，是建立在獎金沒有上限，莊家擁有無限資金的前提上。這在現實中是不可能的。假設在獎金上限1億元的條件下計算遊戲的期望值，結果只有區區的14元。

辛普森悖論

個別和總合的結果有可能截然相反！？

A和B兩名同學要在兩種測驗中回答共110個問題。測驗①的結果為，A同學在100題中答對60題，B同學在10題中答對9題。另一方面，測驗②的結果為，A同學在10題中答對1題，而B同學則在100題中答對30題。

比較兩者在各個測驗的答對率，A同學在測驗①的答對率為60%，B同學為90%；A同學在測驗②的答對率為10%，B同學為30%。測驗①和②的結果均顯示B同學的答對率比較高。

接下來比較兩人在測驗①和②兩次加總起來的答對率。結果顯示，A同學在110題中答對61題，答對率約55%；B同學在110題中答對39題，答對率約35%，反而是A同學的答對率比較高。那麼，A和B兩名同學到底是誰比較優秀呢？

像這樣，個別的結果和加總在一起的結果，有時會出現截然不同的情況。英國統計學家辛普森（Edward Simpson，1922～2019）於1951年提出這個統計

A同學和B同學的測驗分數比較

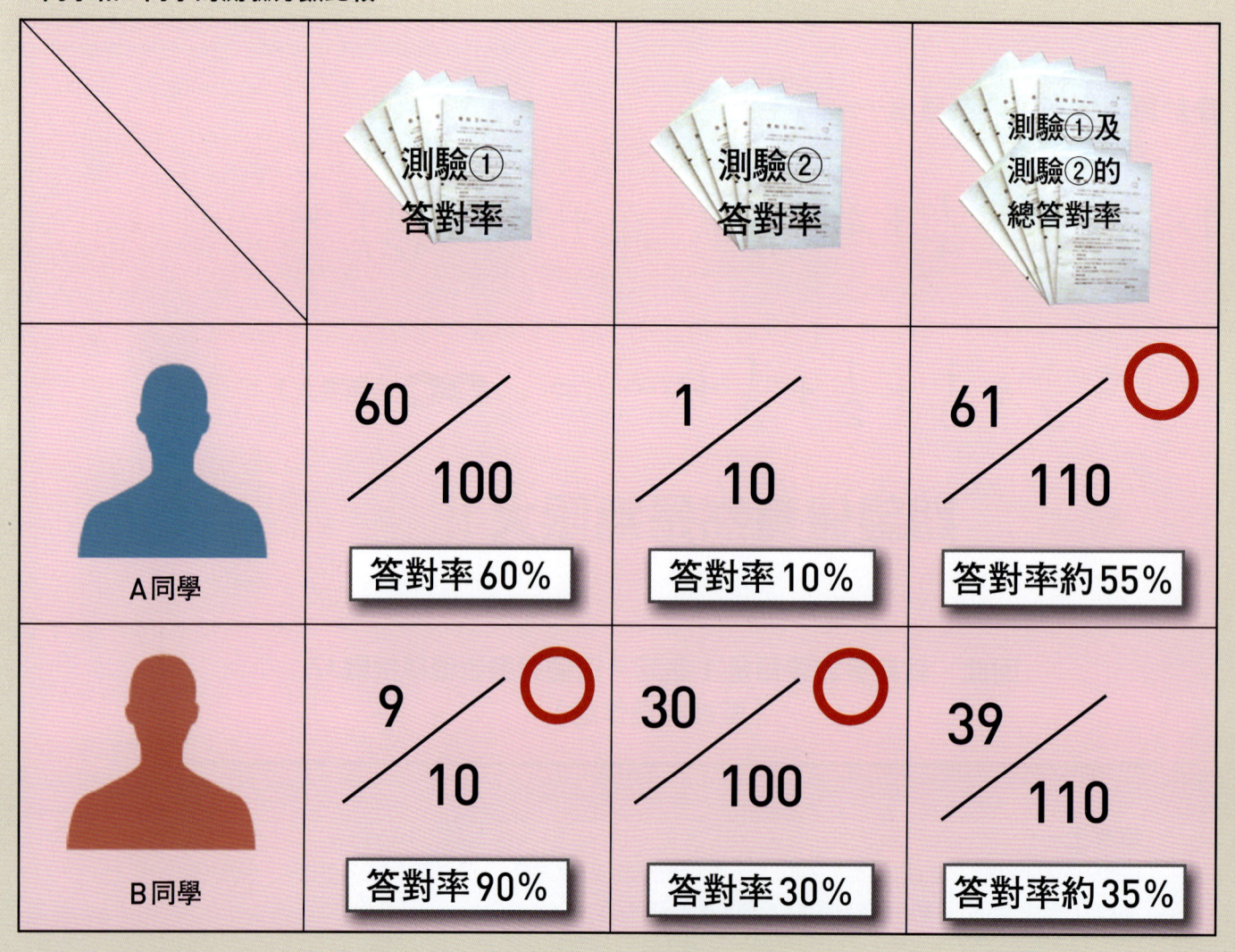

	測驗①答對率	測驗②答對率	測驗①及測驗②的總答對率
A同學	60/100 答對率60%	1/10 答對率10%	61/110 ○ 答對率約55%
B同學	9/10 ○ 答對率90%	30/100 ○ 答對率30%	39/110 答對率約35%

學上的悖論,即為「辛普森悖論」(Simpson's paradox)。

解決這個悖論的方法之一,是要將焦點放在考題數,也就是A、B兩名同學於測驗①和②中的題目數量不同,須分別加權後再比較兩者的總得分率。換句話說,對於A同學來說,測驗①的題目占了110題中的100題,因此乘以$\frac{100}{110}$;測驗②的題目僅占110題中的10題,因此乘以$\frac{10}{110}$。B同學則相反(加權結果如下)。

A同學:60%×$\frac{100}{110}$+10%×$\frac{10}{110}$
=約55%

B同學:90%×$\frac{10}{110}$+30%×$\frac{100}{110}$
=約35%

從這個結果可以看出,A同學比較優秀。然而,這種比較只有當測驗①和②的題目難度相當時才有效,否則可能會得到不一樣的結論。

例如,從測驗①和②來看,兩名學生在測驗②的答對率較低,有可能是測驗②的難度較高。倘若真是如此,由於B同學在測驗②的成績比較好,因此也可以認為B同學更優秀。

又或者,在仔細檢視測驗①和測驗②的內容後,可以自行決定要選擇哪些題目作答,而A同學選擇簡單題目較多的測驗①,從某種意義上來說,也可以視為比較聰明。

在處理統計數據的時候,必須將問題的難度或性質,以及如何進行問題的選擇等各種因素考慮進來。

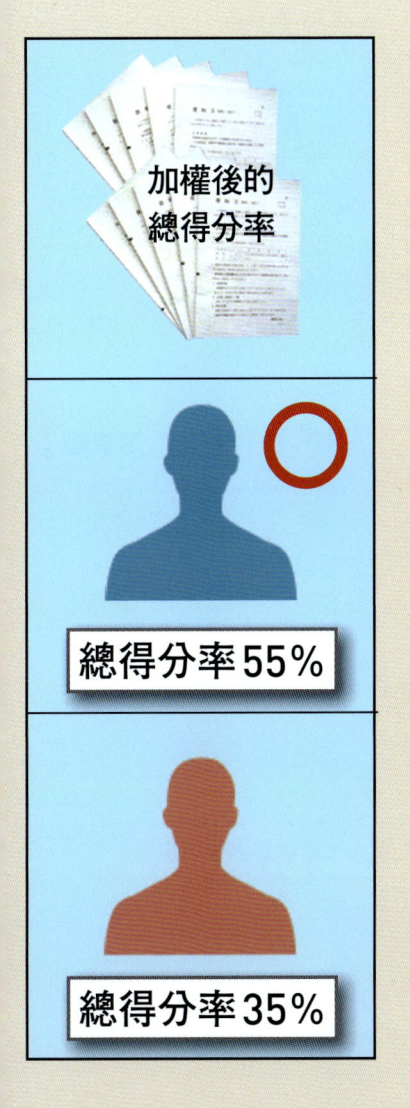

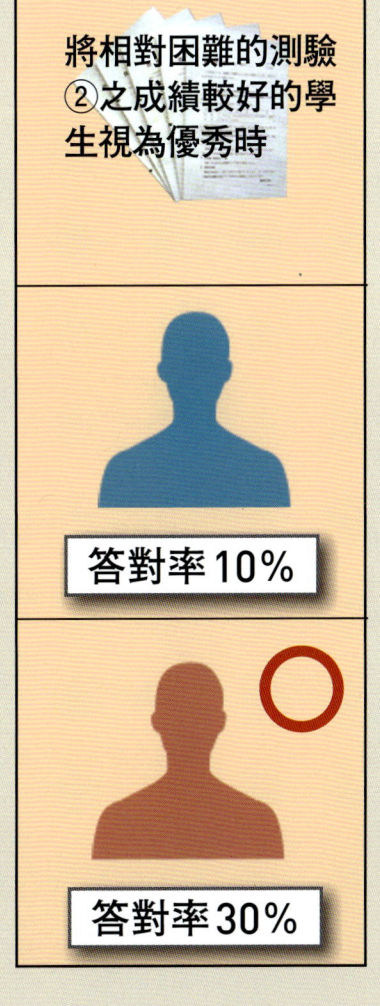

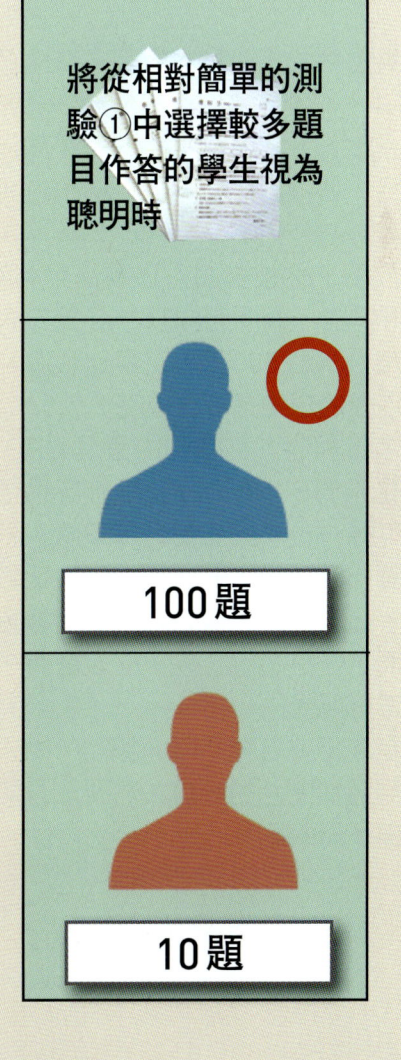

加權後的總得分率	將相對困難的測驗②之成績較好的學生視為優秀時	將從相對簡單的測驗①中選擇較多題目作答的學生視為聰明時
總得分率55%	答對率10%	100題
總得分率35%	答對率30%	10題

107

交換悖論 — 交換對雙方都有利！？

你收到一個裝有 1 萬元的信封。除此之外，給你這個信封的人還提出以下建議：「你可以選擇直接帶走這個裝有 1 萬元的信封，但如果你願意歸還的話，便有機會讓金額翻倍，具體條件得用擲硬幣的方式來決定。出現正面的話，就加到 2 萬元，但出現反面的話，則須退還5000元。」

聽到這樣的提議，你會怎麼做？從數學的角度來看，是否值得付出這 1 萬元，可以經由期望值的計算得知是否值得付出 1 萬元的代價。得到 2 萬元的機率和得到5000元的機率各占一半，因此

2 萬元 × $\frac{1}{2}$ + 5000元 × $\frac{1}{2}$ = 1 萬2500元

因為期望值大於 1 萬元，所以明顯的應該答應這項提議。

那麼，如果是換成下面的內容呢？有兩個信封A和B，其中一個信封裡的金額是另一個的2倍。你拿起信封A，發現裡頭裝的是 1 萬元。據此推測，另一個信封B裡頭不是裝著5000元就是2萬元。

在這種情況下，你被告知可以將信封A換成信封B。利用與第一個問題同樣的計算方式，這時的期望值為1萬2500元，交換比較有利。問題來了，這樣的想法是否正確呢？

假設有兩名參與者。你拿到的是信封A，另一人拿到的是信封B，兩人都已經確認過信封內的金額。從另一位參與者的角度來看，他也像你一樣計算出期望值，並得到「交換比較有利」的結論。這樣一來，雙方都認為交換會比較有利。然而，一旦進行交換，必定會有一方得利，另一方有所損失。

這個問題至今仍有各種不同的觀點，尚未完全解決。遇到這類問題的時候，需要注意問題的設定等各種不同的思考方式。

問題 1

你收到裝有1萬元的信封，只要在歸還信封後擲硬幣出現正面的話，你就能獲得兩倍的 2 萬元。但是，如果擲硬幣出現反面，金額就會減半為5000元。你會賭賭看嗎？

① 你收到裝有 1 萬元的信封。

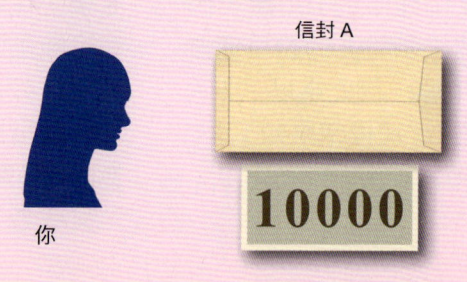

信封 A

你　　10000

② 歸還 1 萬元後擲硬幣決定。

出現正面就增加為 2 萬元

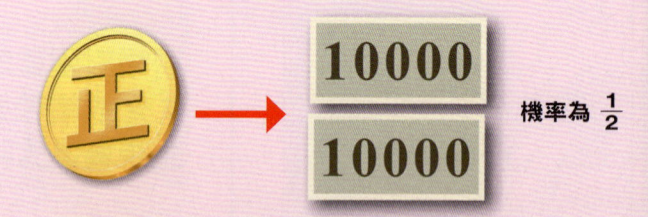

正 → 10000
　　 10000　　機率為 $\frac{1}{2}$

出現反面就減少為 5000 元

反 → 5000　　機率為 $\frac{1}{2}$

計算期望值，得到：

2 萬元 × $\frac{1}{2}$ + 5000 元 × $\frac{1}{2}$ = 1 萬 2500 元

<結論>

因為期望值高於 1 萬元，應該答應這項提議。

問題2（交換悖論）

有A和B兩個信封，其中一個信封裡的金額是另一個的2倍。你拿到信封A，確認裡頭有1萬元，另一個信封內不是5000元，就是2萬元。你被告知可以將信封A換成信封B。和問題1一樣，可以認為期望值是1萬2500元，因此交換比較有利。然而，另一名參與者的手上有信封B。確認過信封B裡頭有5000元或2萬元的另一名參與者，也會做出跟你一樣的推論，認為換成信封A會比較有利。交換對雙方都有利，這實在是一個奇怪的結論。

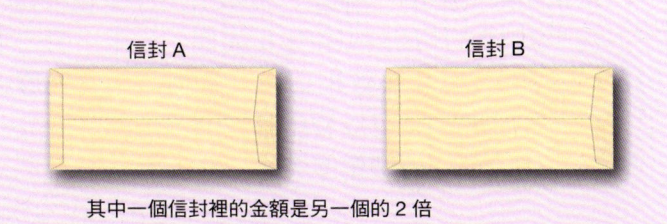

信封A　　　　信封B

其中一個信封裡的金額是另一個的2倍

① 拿到信封A的你，確認裡頭裝有1萬元。

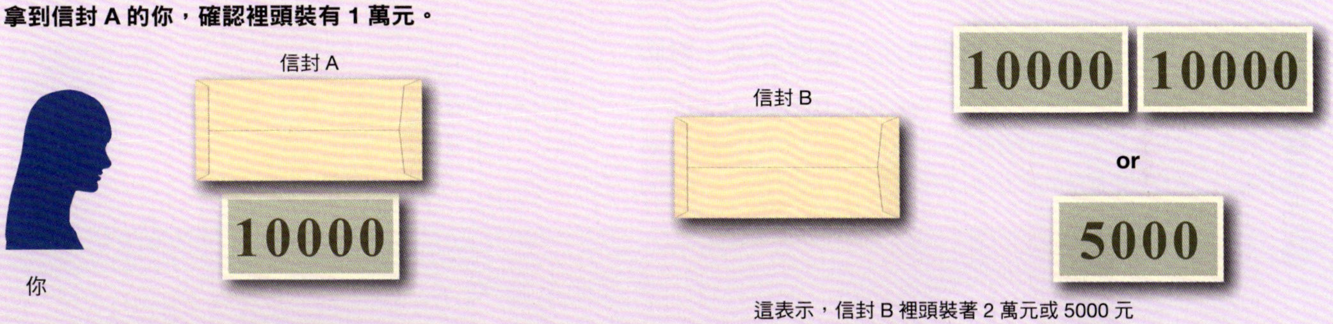

信封A　　　10000

信封B　　　10000 10000　or　5000

這表示，信封B裡頭裝著2萬元或5000元

② 你被告知可以將信封A換成信封B。

跟信封B交換，增加為2萬元的機率為 $\frac{1}{2}$

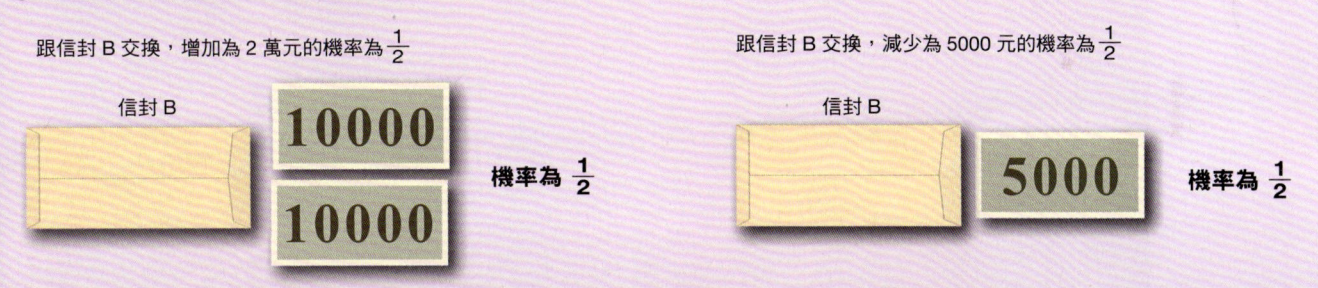

信封B　　10000 / 10000　機率為 $\frac{1}{2}$

跟信封B交換，減少為5000元的機率為 $\frac{1}{2}$

信封B　　5000　機率為 $\frac{1}{2}$

期望值為 2萬元 × $\frac{1}{2}$ + 5000元 × $\frac{1}{2}$ = 1萬2500元。由於高於1萬元，因此應該接受這項提議。

然而，假設有另一名參與者，對方拿到信封B後，已經確認信封內的金額是5000元或2萬元，他也做出和你一樣的結論，也就是換成信封A會比較有利。這種交換後雙方都能獲益的情況真的有可能發生嗎？（交換悖論）

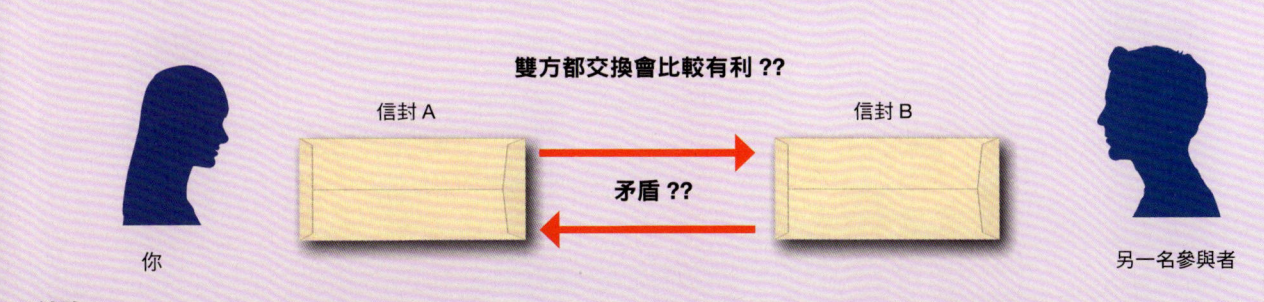

雙方都交換會比較有利？？

信封A　　　　信封B

矛盾？？

你　　　　　　　　　　　　　　　　　　另一名參與者

〈結論〉

這個交換悖論的問題，包括問題的設定在內，產生各種不同的意見，尚未完全解決。由於存在各種不同的觀點，因此必須注意。

伽利略悖論

組成「整體」和「部分」的個數相同？

部分和整體，那邊比較大呢？由於部分只是整體中的一個組成元素，因此當然是「整體」比較大。

現在讓我們思考一下「自然數」和「偶數」的關係。偶數是自然數中相間出現的數，可以說是整體自然數的一部分。例如，在 1 到 10 的自然數中有 5 個偶數。和 10 個自然數相比，偶數只有 5 個，明顯可以看出整體的組成個數比部分還要多。

現在，讓我們試著從最小的數字逐一將自然數和偶數對應起來。自然數 1 對應偶數 2、自然數 2 對應偶數 4、自然數 3 對應偶數 6……這個過程可以持續多久呢？

偶數和平方根與自然數逐一對應

伽利略在《關於兩門新科學的對話》（Two New Sciences）指出，使自然數及其子集合平方數逐一對應，自然數與平方數的個數相同。實數是有限小數和無限小數（小數點以下的無限數字）的總稱，一個實數相當於數線上的一點（大小為零）。

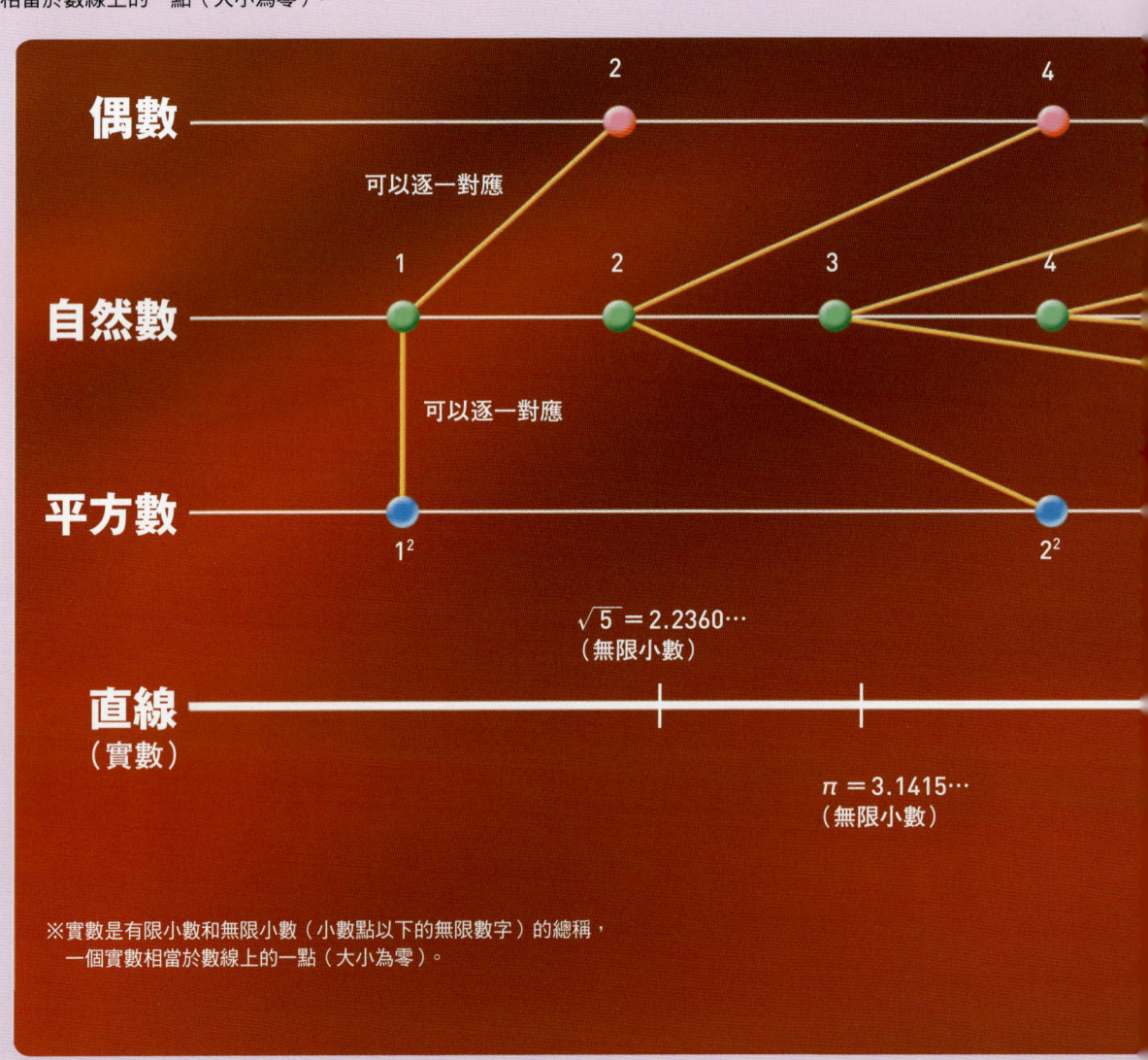

偶數 —— 2 —— 4

可以逐一對應

自然數 —— 1 —— 2 —— 3 —— 4

可以逐一對應

平方數 —— 1^2 —— 2^2

$\sqrt{5} = 2.2360\cdots$
（無限小數）

直線（實數）

$\pi = 3.1415\cdots$
（無限小數）

※實數是有限小數和無限小數（小數點以下的無限數字）的總稱，一個實數相當於數線上的一點（大小為零）。

自然數和偶數都有無限多個數,所以這個過程也可以無限延伸;換言之,自然數和偶數可以說是「同樣擁有無限多個數」。作為「整體」的自然數和作為「部分」的偶數,兩者所擁有的數同樣是無限多個。

「整體比部分大」這個看似理所當然的事,在無限集合中卻不成立,據說伽利略(Galileo Galilei,1564～1642)是最早指出這個矛盾的人,因此這個悖論就稱之為「伽利略悖論」(Galileo's paradox)。

其後,德國數學家康托爾(Georg Cantor,1845～1918)提出「無限集合也有濃度」的全新觀點。例如,自然數和偶數的集合即使數不完,也能像前面所說的一樣逐一對應,毫無遺漏地數出來。然而,組成線段的點,無論從線段中取多小的區間,仍存在著無限個大小為零的點,不可能毫無遺漏地數出來。

換言之,即使都是無限,也有可數的無限和不可數的無限。康托爾將組成線段的點集合,也就是「實數」的集合,用「濃度更高」來描述。

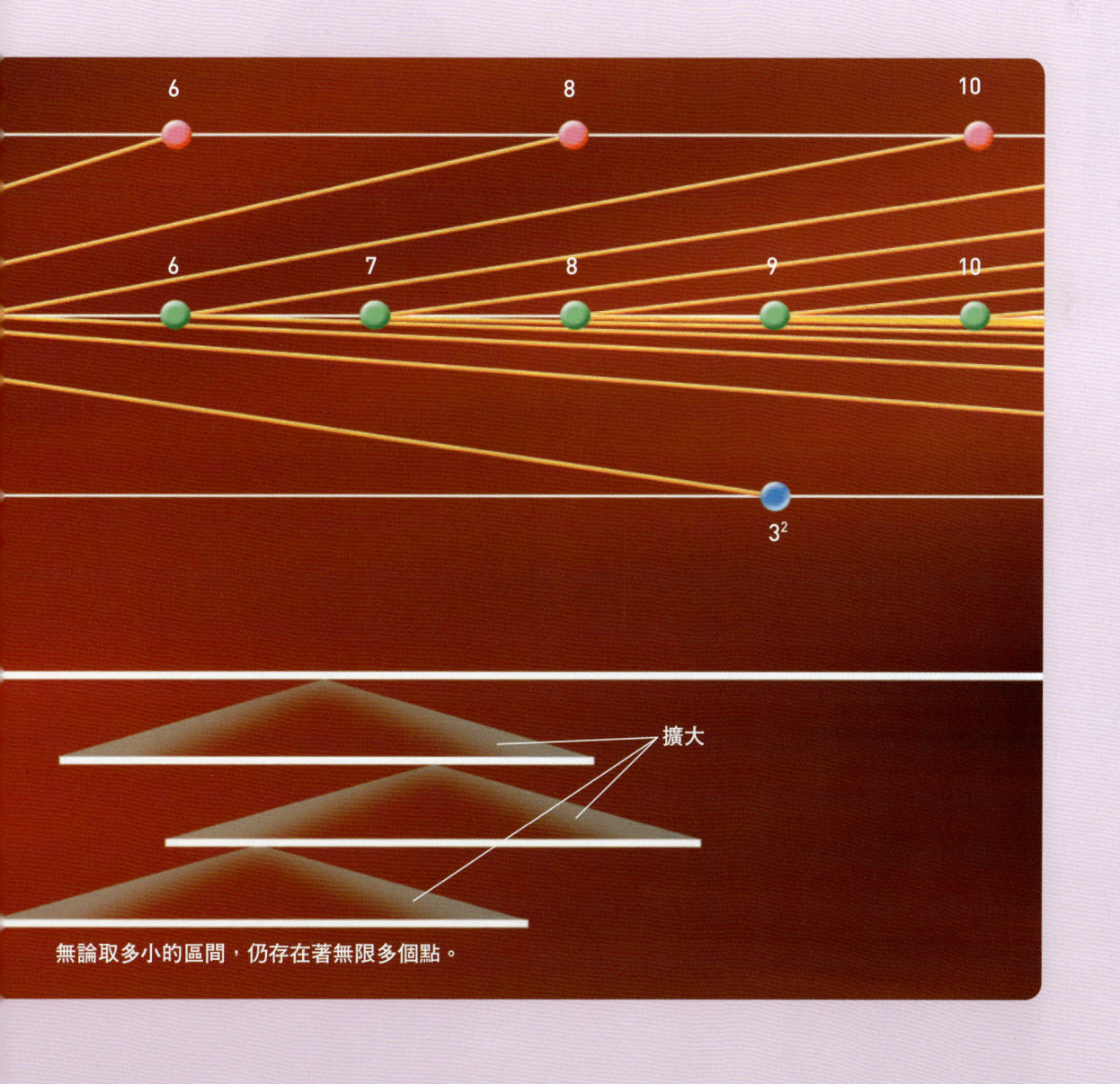

無論取多小的區間,仍存在著無限多個點。

客滿的無限旅館還能容納新的來客嗎？

無限旅館悖論

德國數學家希爾伯特（David Hilbert，1862～1943）提出客房有無限間的奇特「無限旅館」悖論。

某一天，無限旅館已經住滿無限位客人。這時，又來了一位新客。這位客人因為找不到其他可供住宿的旅館，無論如何都想入住這間無限旅館。

於是老闆採取以下措施，他讓所有房客都換到比當前房號大一號的房間。1號房的房客換到2號房、2號房的房客換到3號房……以此類推。無限位房客都換了房間，從而空出了1號房。新來的客人總算能入住（**1**）。

另外，這一天又有無限多位客人來到無限旅館，也是無論如何

一位客人來到已經滿房的無限旅館

一位客人來到擁有無限間客房的無限旅館。然而，該旅館已住滿了無限位房客，沒有空房。在這種情況下，還能再容納新的客人嗎？

都要入住。此時旅館已住滿無限位房客，在這樣的情況下還能容納新的來客嗎？

於是旅館老闆請所有房客都換到房號是原房號兩倍的房間。1號房的房客換到2號房、2號房的房客換到4號房、3號房的房客換到6號房……。這樣一來，原房客被換到偶數房號的房間，單數房號的無限房間都空出來了，新來的無限位客人總算得以順利入住（2）。

聽到這裡，許多人可能會懷疑旅館真能容納得了那麼多人嗎？

但是，從數學的角度來看，這個故事並沒有錯。這是由無限所具備的反直覺性質所產生的「偽悖論」。

在有限的世界中，例如1到10之間的偶數（5個），當然比1到10的自然數（10個）還要少。然而，在無限的世界中，整體偶數和整體自然數可以逐一對應，使集合的大小相同。在無限的世界中，某個集合的子集合會與整體原始集合的大小相同，這實在是非常奇特的性質。

1. 滿房的無限旅館再收一名新客人

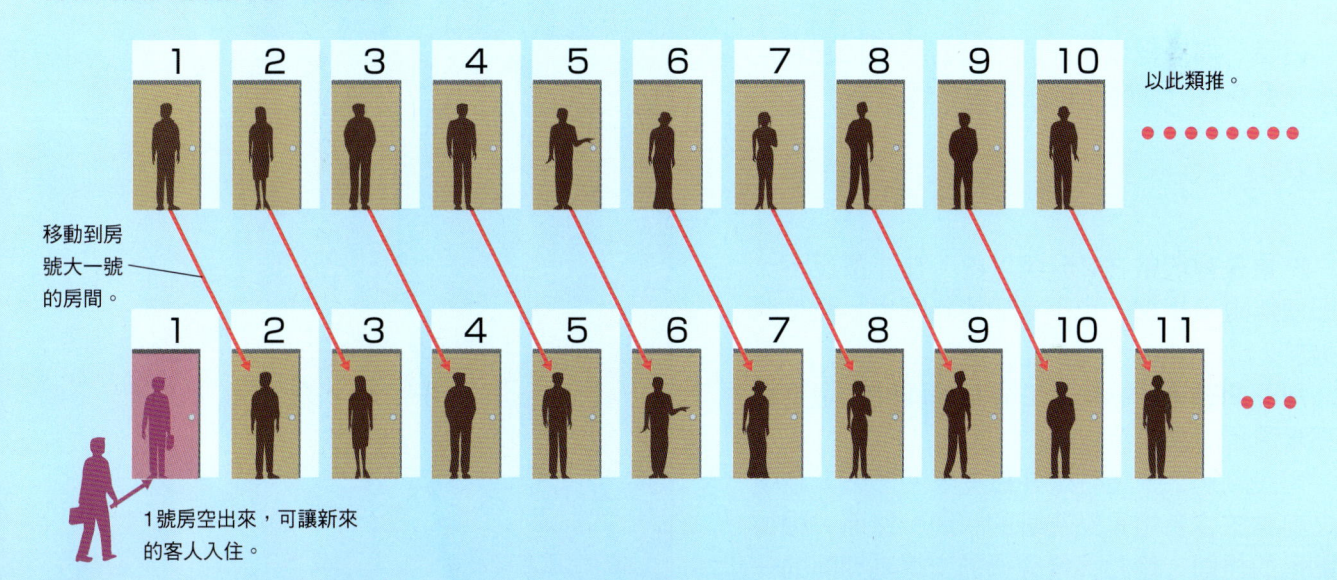

移動到房號大一號的房間。

1號房空出來，可讓新來的客人入住。

2. 滿房的無限旅館再收無限多位客人

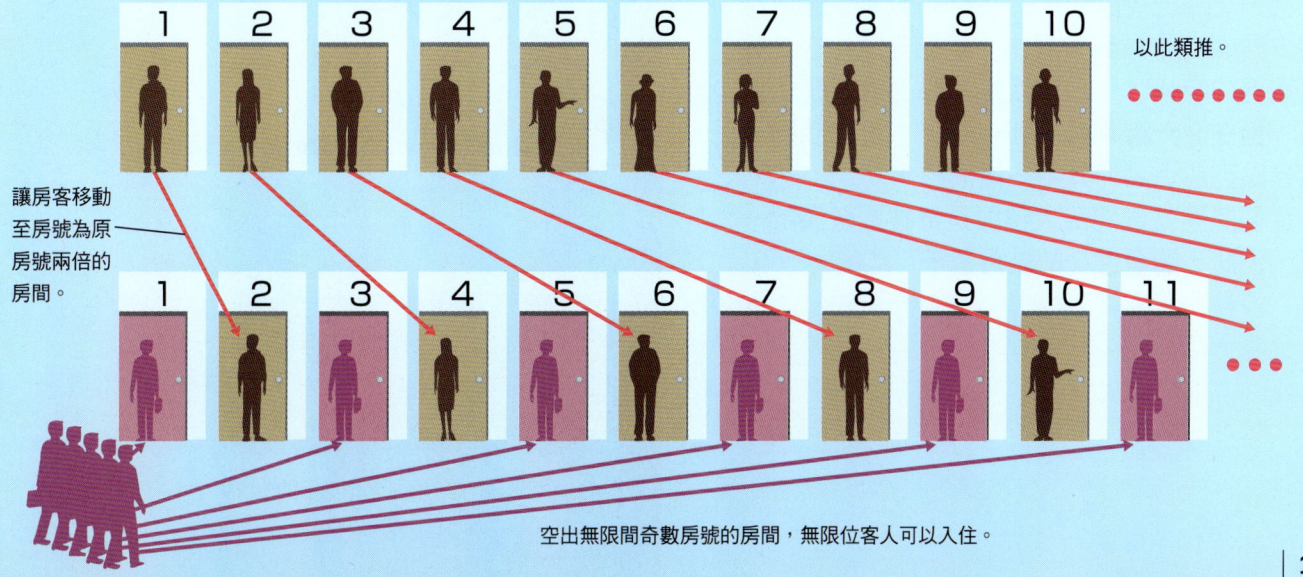

讓房客移動至房號為原房號兩倍的房間。

空出無限間奇數房號的房間，無限位客人可以入住。

湯姆生燈悖論

2分鐘後燈是點亮著還是熄滅了？

這裡介紹英國數學家湯姆生（James Thomson，1921～1984）所提出的想像實驗。

假設有一盞具有特殊功能的燈。開燈1分鐘後，燈會自動熄滅；30秒後，燈再次亮起。過了15秒，燈再次熄滅；7.5秒後，燈再度亮起……。像這樣，每次點亮或熄滅的時間都正好是前一次的一半，燈自動循環重複點亮或熄滅。

這時，如果把燈點亮或熄滅的時間加起來，總共會有幾分鐘呢？經過計算，得到：

$$1+\frac{1}{2}+\frac{1}{4}+\frac{1}{8}+\frac{1}{16}+\cdots\cdots=2$$

結果是會收斂在2分鐘以內。在此情況下，即使無限項相加，也不會變成無限大，而是收斂於2。

那麼問題來了。剛過2分鐘的瞬間，燈是點亮著還是熄滅了？

假設剛過2分鐘時燈是點亮著。那麼，在這之前應該會有燈是點亮著的瞬間。然而，根據點燈的規則，燈點亮後經過前次熄滅期間的一半時間，應該要再次熄滅。換句話說，在到達2分鐘之前，燈就會熄滅。

另一方面，假設在2分鐘剛過時燈是熄滅的，同樣的矛盾也會發生。總結來說，在2分鐘剛過的時候，無法確定燈是點亮著還是熄滅了，但在2分鐘剛過的那一剎那，燈的狀態應該是點亮或熄滅的其中一種情形。

這個問題就像問最大整數是奇數還是偶數一樣，因此，開發這樣的裝置是不可能的。

湯姆生燈的原理

開燈點亮

開始

點亮？　熄滅？

2分鐘剛過的瞬間

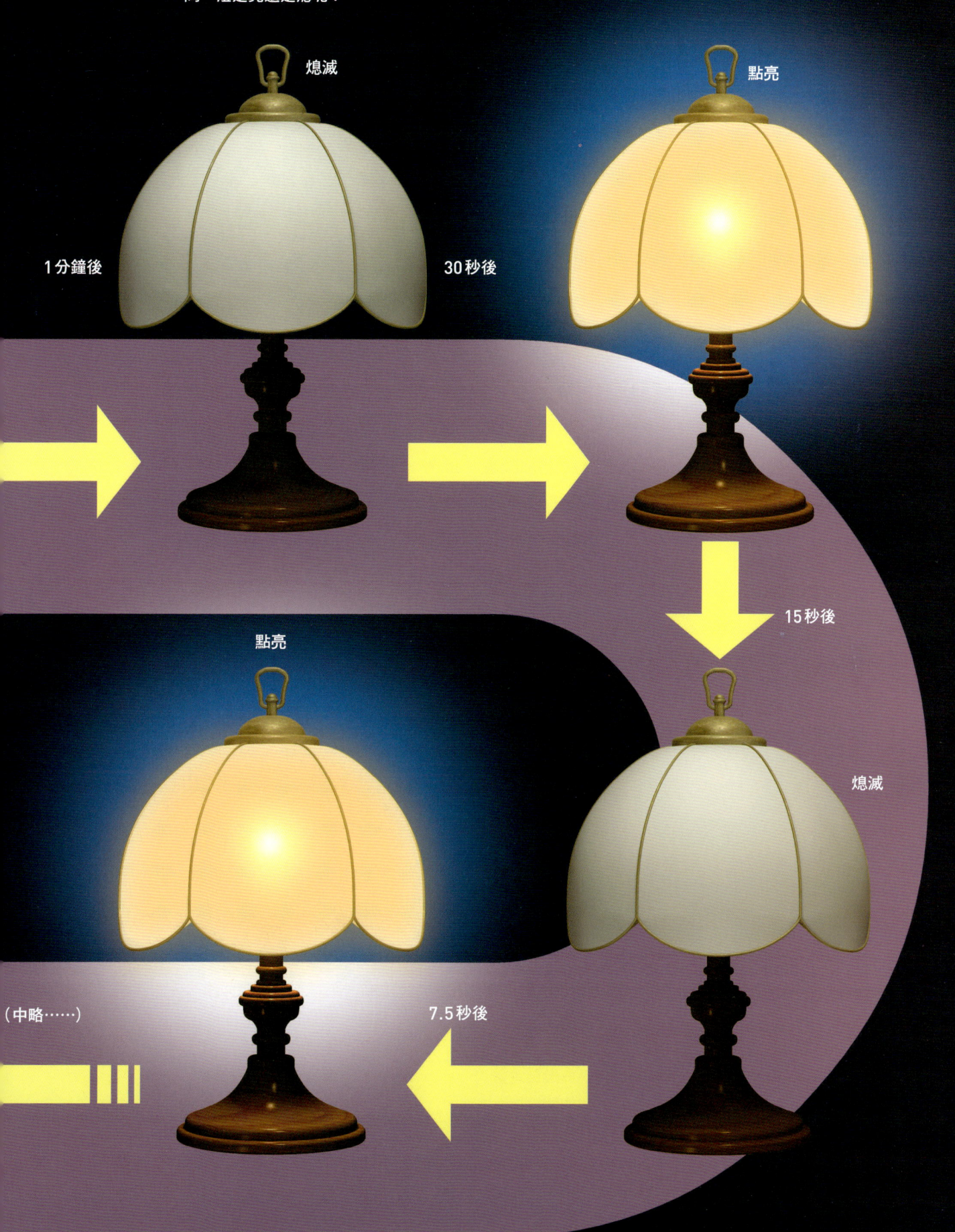

湯姆生的燈在點亮的1分鐘後自動熄滅，30秒後再次亮起。15秒後熄滅，7.5秒後亮起……。重複這個過程，收斂在2分鐘內。那麼，在剛好2分鐘過去的那一瞬間，燈是亮還是熄呢？

熄滅

點亮

1分鐘後　　　　　　　30秒後

15秒後

點亮

熄滅

（中略……）　　　　7.5秒後

湯姆生的燈在點亮的1分鐘後自動熄滅，30秒後再次亮起。15秒後熄滅，7.5秒後亮起……。重複這個過程，收斂在2分鐘內。那麼，在剛好2分鐘過去的那一瞬間，燈是亮還是熄呢？

5 隱藏在形狀中的數學素養

我們日常生活中看到的形狀也含有數學的要素。美麗的形狀中隱藏著黃金比例，有效收集陽光的葉子生長方式中蘊含著費波那契數。此外，複雜的大都市地鐵路線圖與稱為拓撲學（Topology）的數學有關；同樣地，諸如海岸線或花椰菜等相同形狀一再重複的碎形（fractal）也是數學的一個領域。本章將會介紹隱藏在形狀中的各種數學。

118　隱藏在多面體中的法則
120　奇妙的 π
122　費氏數列
124　自然界與黃金數
126　四維空間
128　四維空間中的移動
130　非歐幾里得幾何學
132　彎曲的空間
134　拓撲學
136　隨處可見的拓撲學
138　碎形①～②

協助　木村俊一／根上生也／河野俊丈

隱藏在多面體中的法則

多面體的邊、頂點和面三者數量隱藏著哪些法則？

多邊形是存在於平面（二維）世界的圖形（平面圖形），而在三維空間中展開的圖形稱為「空間圖形」。在空間圖形中，被平面或曲面包圍的圖形為「立體」，而僅被平面包圍的立體則是「多面體」。此外，在多面體中，由所有面都是全等多邊形構成的立體，稱之為「正多面體」。

我們可以製作任意數量的正多邊形，但正多面體頂多只能作出五種。這五種正多面體分別是由4個正三角形構成的「正四面體」、6個正方形構成的「正六

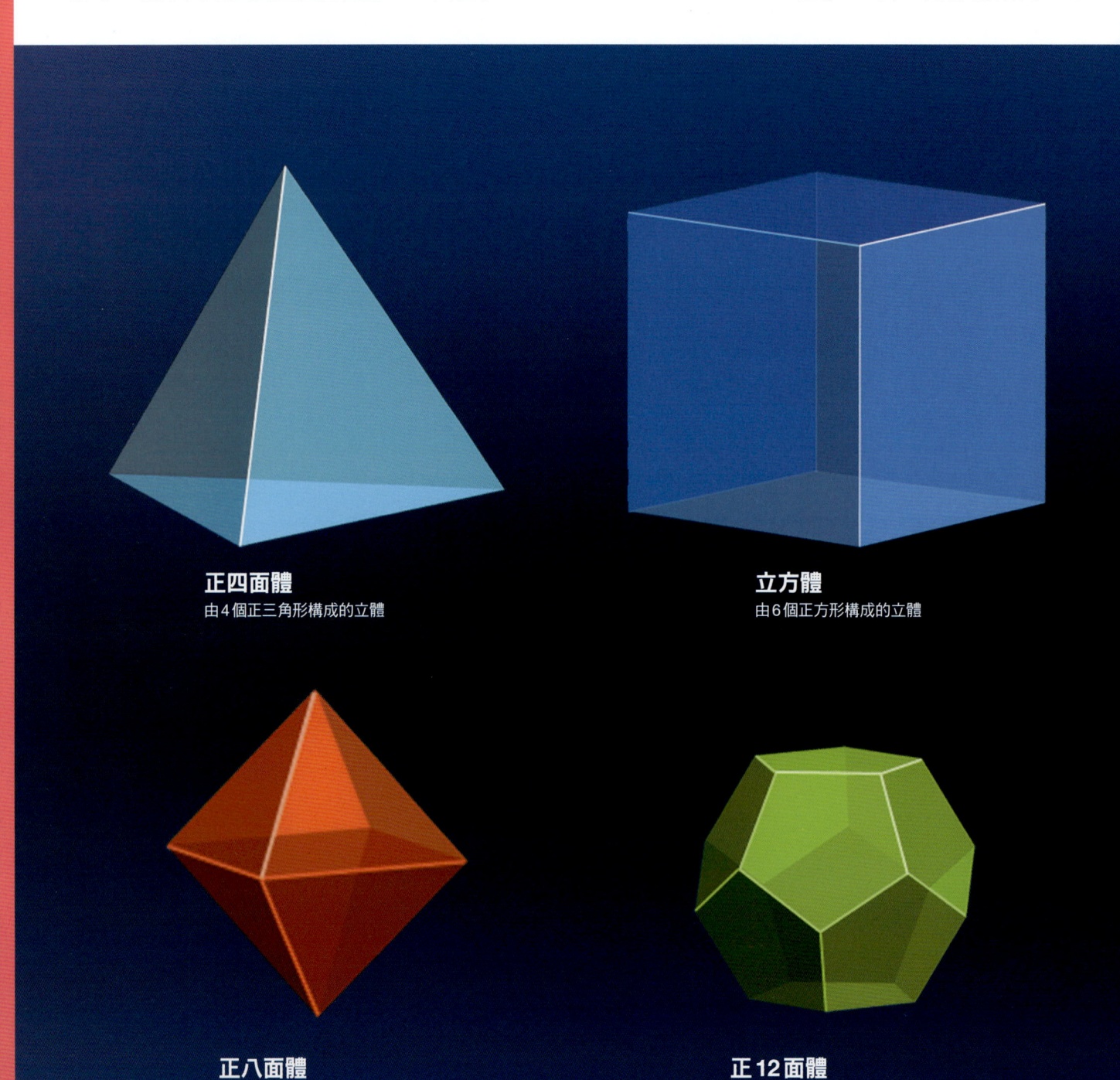

正四面體
由4個正三角形構成的立體

立方體
由6個正方形構成的立體

正八面體
由8個正三角形構成的立體

正12面體
由12個正五角形構成的立體

面體」（又稱「立方體」）、8個正三角形構成的「正八面體」、12個正五角形構成的「正十二面體」、20個正三角形構成的「正二十面體」。

據說正多面體只有五種是畢達哥拉斯（Pythagoras，前570～前495）等人發現的，但柏拉圖（Plato，約前429～約前347）在比畢達哥拉斯晚約150年的著作中描述正多面體，因此這五種正多面體也稱為「柏拉圖立體」（Platonic solid）。

那麼，正多面體之邊、頂點和面的數量是多少呢？這些數量之間是否存在著什麼法則？瑞士數學家歐拉（Leonhard Euler，1707～1783）發現了與多面體之邊、頂點和面三者數量相關的「歐拉多面體定理」。此定理指出「多面體中，邊的數量加2即等於頂點與面兩者數量相加之和」。

這個定理不僅適用於正多面體，對所有無凹陷的凸多面體也成立。

順帶一提，由12個正五邊形和20個正六邊形構成的足球圖形也符合這個定理。

正20面體
由20個正三角形構成的立體

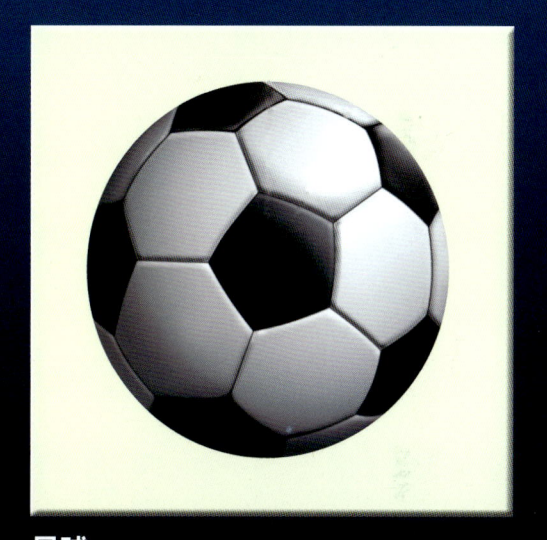

足球
由12個正五角形和20個正六角形所構成。

歐拉的多面體定理
對於所有無凹陷多面體，邊的數量加2，與頂點及面的數量相加所得到的數一致。因為是歐拉發現的，故稱為「歐拉多面體定理」。

多面體之邊、頂點及面三者數量之間的關係

	邊的數量	+	2	=	頂點的數量	+	面的數量
正四面體	6	+	2	=	4	+	4
正六面體	12	+	2	=	8	+	6
正八面體	12	+	2	=	6	+	8
正12面體	30	+	2	=	20	+	12
正20面體	30	+	2	=	12	+	20
足球	90	+	2	=	60	+	32

奇妙的 π

圓周率的小數部分包含所有數列？

π 這個符號代表的是圓周率3.14159……無理數。下表的 1 是 π 經過實際計算，得到小數點以下 2 兆 5000 億位數中，0～9各個數字出現的次數。從這張表格中可以看出，每個數字大約都出現2500億次，這是位數的10分之1；換言之，0到9之間的數字會以隨機且幾乎相同的機率出現。

π 的值無限延續，如果每個數字都是以相同的機率隨機出現，

1. π 的小數點後 2 兆 5000 億位數中各數字的出現次數

0	2499億9919萬2826次
1	2499億9995萬9334次
2	2500億0075萬1269次
3	2499億9990萬4969次
4	2500億0045萬5856次
5	2499億9972萬1513次
6	2499億9956萬4178次
7	2499億9966萬0121次
8	2500億0104萬0584次
9	2499億9974萬9350次

在位數10分之1的2500億次中，數字「8」的出現次數偏差最大，比其他數字約多出104萬次。儘管如此，與2500億次相比，這樣的比例非常小。

那麼原則上任何數列應該都會包含在π的值當中。

事實上，在π的計算結果中，就發現許多「777777777777」、「000000000000」、「111111111111」或「012345678901」等奇特數列。

π無限延續的值當中，可能也包含各位讀者的家用電話或手機號碼。

從迄今為止的計算結果來看，π的值確實看起來像是亂數。亂數是指小數點以下的數字以相同機率隨機出現（正規數）。

然而π的隨機性尚未獲得數學上的證明，目前我們只能藉助電腦計算來確認π在有限位數中是否可以視為亂數。

日常生活中常見的圓、球以及圓周率π，其中仍存在著連數學家也無法解開的謎團。

2. 在 π 值中實際發現的奇妙數列

012345678901	從小數點以下第1兆7815億1406萬7534位數算起的12位數等
8888888888888	從小數點以下第2兆1641億6466萬9332位數算起的13位數
000000000000	從小數點以下第1兆7555億2412萬9973位數算起的12位數
111111111111	從小數點以下第1兆410億3260萬9981位數算起的12位數
777777777777	從小數點以下第3682億9989萬8266位數算起的12位數
14142135623	從小數點以下第4566億6102萬5038位數算起的11位數等 ※這個數列是√2的前11位數。前面幾位數大多以「意思意思而已」等口訣來記憶。
314159265358	從小數點以下第1兆1429億531萬8634位數算起的12位數 ※這個數列是圓周率π的前12位數。

費氏數列

導出黃金比例，1、1、2、3、5……的數列

黃金比例（1：1.618……）是指當一條線段被一點分成兩段時，較長部分與較短部分的比例，與整條線段和較長部分的比例呈現相等的關係。

事實上，就有一個數列與黃金比例密切相關。這個數列從1、1開始，基於「前兩項相加得到下一項」的簡單規則產生，稱為「費氏數列」（Fibonacci sequence）。在這個數列中，相鄰數字的比例趨近於黃金比例。

費波那契的兔子問題

下圖具象呈現費波那契所提出的兔子問題。小兔子代表幼兔，大兔子代表成兔。成兔每月會生下一對幼兔，幼兔出生後的第2個月開始生育，到了第6個月，兔子的數量增加到8對。

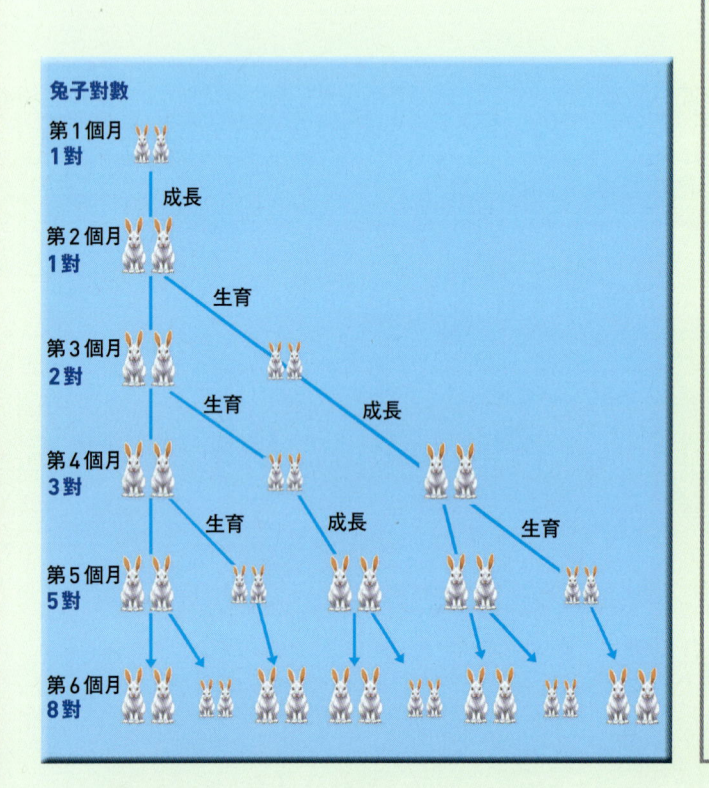

兔子對數
- 第1個月 1對
- 第2個月 1對
- 第3個月 2對
- 第4個月 3對
- 第5個月 5對
- 第6個月 8對

追溯雄蜂的家譜……

下圖是蜜蜂的家譜。雌蜂（蜂后）產下的卵只要受精就會長成雌性，沒有受精而直接成長則會變成雄性；也就是說，雄性只有母親，雌性有母親和父親。在這種情況下，試著追溯雄蜂（圖最下方）的母親，其數字會形成費氏數列。

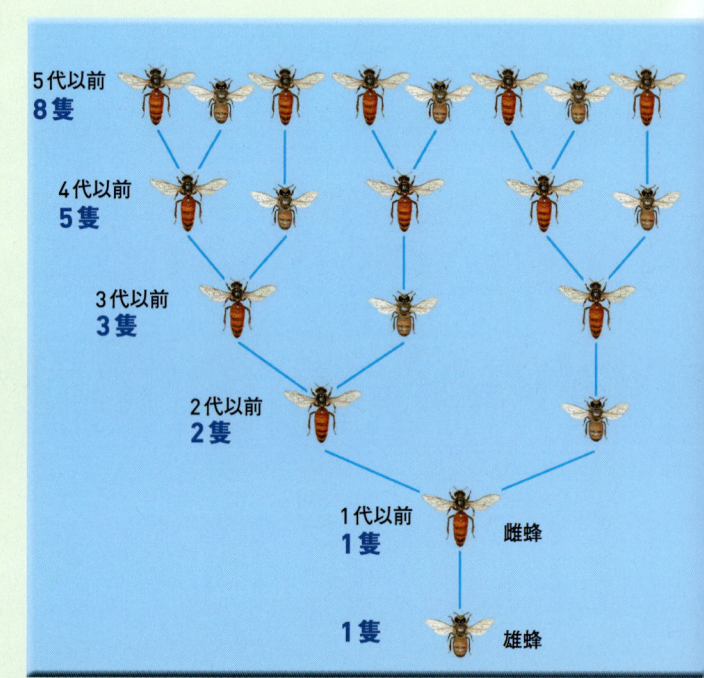

- 5代以前 8隻
- 4代以前 5隻
- 3代以前 3隻
- 2代以前 2隻
- 1代以前 1隻 雌蜂
- 1隻 雄蜂

費氏數列 前兩項相加產生下一項

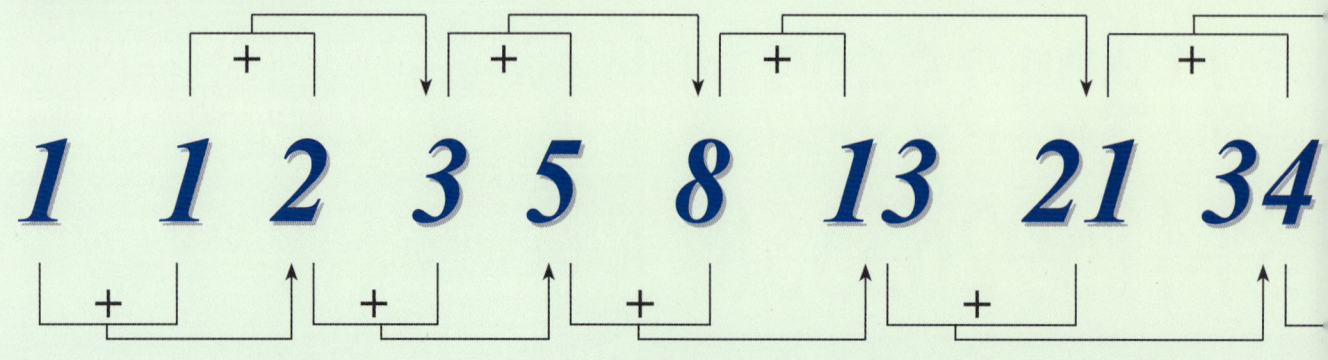

1　1　2　3　5　8　13　21　34

122

這個數列名稱取自義大利數學家費波那契（Leonardo Fibonacci，約1180～1250）。

費波那契著有《計算之書》（Book of Calculation），書中介紹當時最先進的數學，並提出以下問題作為計算題。

「有一對兔子誕生，這對兔子需要1個月的時間才能長大成熟，從第2個月開始，每個月都會生下一對兔子；誕生的幼兔也需要1個月的時間長大，從第2個月開始每月生下一對幼兔。在這種情況下，到了第12個月，一共有幾對兔子呢？」。

兔子的對數會以1、1、2、3、5、8……的方式增加，到了第12個月，一共有144對。費波那契在著作中說：「繼續進行同樣的計算，將是很好的加法練習。」

除此之外，費氏數列也出現在拼貼瓷磚圖樣（下右圖）和雄蜂家譜（下左圖）等問題上。

拼貼瓷磚的圖樣有幾種？
用1×2和2×1的瓷磚拼貼縱2、橫N的長方形時，呈現拼貼方式的組合數。貼瓷磚的圖樣也是費氏數列。

用1×2和2×1的瓷磚拼貼縱2、橫N的長方形時，拼貼圖樣的組合數

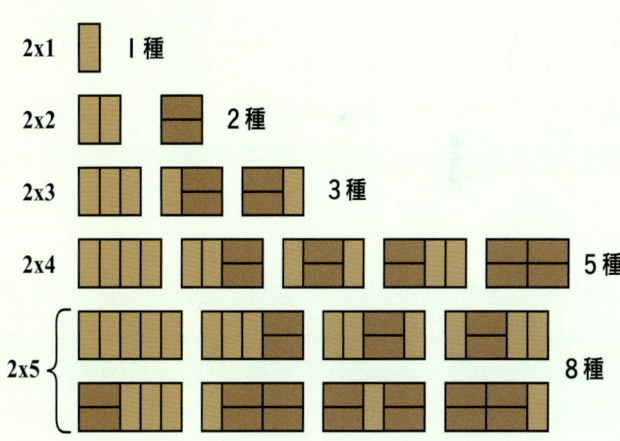

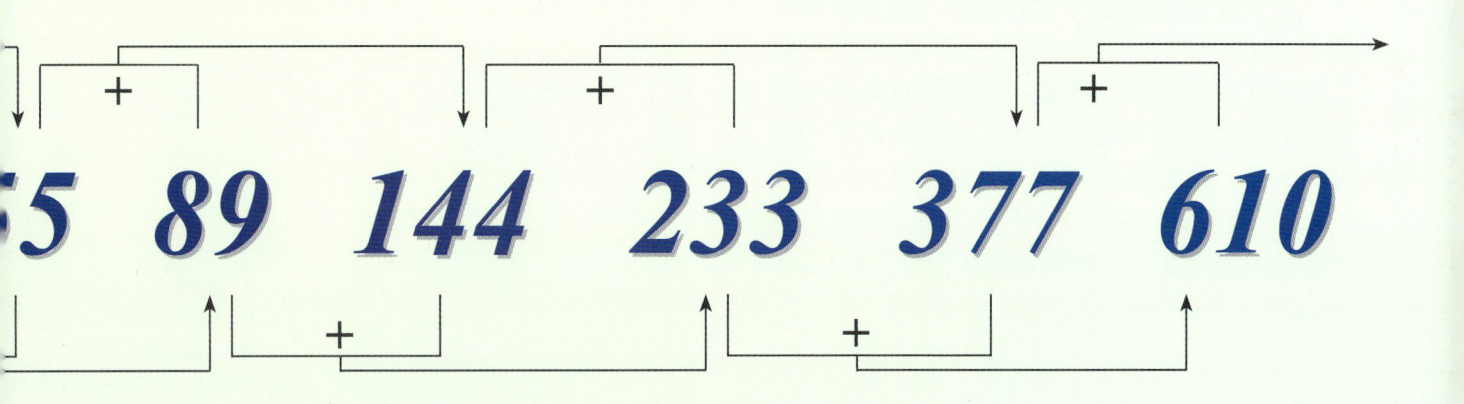

2x1　1種
2x2　2種
2x3　3種
2x4　5種
2x5　8種

55　89　144　233　377　610

123

自然界與黃金數

出現在葉子和果實上的費波那契數和黃金數

下面介紹自然界出現的黃金數和費波那契數。首先是植物莖上的葉片數，專業用語稱之為「葉序」。葉子接收光線進行光合作用，產生植物生存所需的養分。對於植物來說，每片葉子都能均勻地接收光線是非常重要的條件。

葉子像爬螺旋狀階梯一樣沿著莖生長。在這個過程中，觀察到葉子的生長模式主要有3種，分別是「繞著莖一圈長出3片葉子」、「繞著莖兩圈長出5片葉子」，以及「繞著莖三圈長出8片葉子」。這裡顯示的數字全是費波那契數。

第二個例子是植物的「聚合果」。聚合果是由許多小果實聚集形成一個大果實，像草莓就是一個著名的例子。可以清楚地觀察到費氏數列的聚合果包括鳳梨和松果，每個小果實都以螺旋狀逐一排列在表面。螺旋分為順時針和逆時針兩種，可以觀察到松果的螺旋列數為5、8和13列，鳳梨則是8、13、21和34列。這些數字也是費波那契數。

當葉子生長或形成聚合果時，葉子或果實每隔幾度生長，才能使其儘可能地分散且密集地分布呢？例如，每隔90度生長，從上方俯瞰，葉子或果實會偏向4個方向生長。事實上，從上方俯瞰時，葉子最密集分布的角度約為137.5度，這個角度即稱為「黃金角」。

黃金比例是線段分割的比例，而黃金角是圓分割的比例；也就是說，黃金角是符合「360度：大面積的角度＝大面積的角度：小面積的角度」的角度。其中，小面積角度約為137.5度，大面積角度約為222.5度。此外，137.5度是將360度除以φ平方所得到的值，若用φ除以360度，就會得到222.5度（360度－137.5度）。

葉子排列方式中出現的費波那契數
上圖呈現一般葉子的排列方式。從上到下分別是繞莖一圈長出3片葉子的模式（例如欅樹、榆樹）、繞莖兩圈長出5片葉子的模式（例如蘋果樹、杏樹），以及繞莖三圈長出8片葉子的模式（例如楊樹、桃樹），這些全是費波那契數。

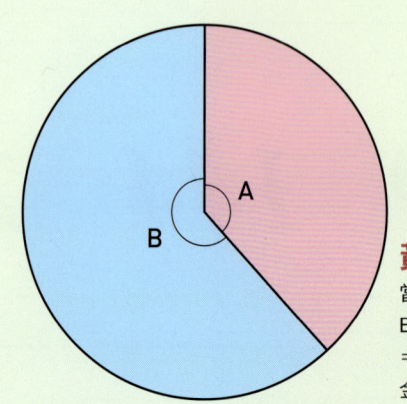

黃金角
當360度分割為角度A和角度B時，如果滿足「360度：B＝B：A」的關係，則稱為黃金角。左為黃金角示意圖。

124

左右螺旋
螺旋有順時針和逆時針兩種。上圖中順時針的螺旋用橙色箭頭表示，逆時針的螺旋用綠色箭頭表示。

8條　　13條　　8條

聚合果中的螺旋列所呈現的費波那契數

許多小果實聚集而成的聚合果上，螺旋列數呈費波那契數。在鳳梨和松果上也可以清晰地觀察到這些螺旋列，編輯部也特地數了一下上面是否真的呈現費波那契數（上圖）。沿著螺旋貼上膠帶並標記編號，無論哪種情況都能確認費波那契數。松果有8條，小鳳梨有13條，大鳳梨有8條。此外，即使是與膠帶方向相反的螺旋，列數也同樣是費波那契數。

125

| 四維空間 | **考慮與縱、橫、高皆垂直的第 4 軸**

我們生活在「三維空間」當中，在數學中也可以假設四維空間。

電視螢幕是平面的世界。在右圖中，螢幕上富士山頂的位置可以由橫向的 x 軸和與之垂直的 y 軸來表示，從兩者的交點（原點）向右移動50公分，向上移動30公分。像這樣，平面世界可以用兩個數字來表示點的位置，因此稱為「二維空間」。稱其為空間可能會讓人覺得不太搭嘎，但在數學的世界，由於它具有範圍，因此也稱為「空間」。那麼，電視遙控器前端的位置又該如何表示呢？如果考慮從電視螢幕垂直向前延伸的方向（z 軸），則可以表示為從原點向右移動50公分，向上移動30公分，從螢幕向前移動300公分。我們生活的普通空間可以像這樣用三個數字的組合來表示點的位置，因此稱為「三維空間」。

四維空間是由無數個三維空間堆疊而成

那麼，「四維空間」又該如何表示呢？四維空間是「可以用四個數字的組合來表示點在空間的位置」。在四維空間中，我們可以畫出與 x 軸、y 軸和 z 軸都垂直相交的軸。可能有些人會認為這樣的軸根本畫不出來，但若能接受這一點並繼續討論的話，則應該可以想像出四維世界。

讓我們檢視圖中的 3 條座標軸。這些軸都彼此垂直交叉。現在，試著想像在這個座標的原點上方，再立起另一條垂直於頁面的軸（試著實際立起一支鉛筆），這裡出現的第四個軸（w 軸），與其他三個軸垂直相交；這 4 條垂直相交的座標軸形成的座標，就是四維座標。使用這個四維座標表示的所有點構成的世界，就是「四維空間」。

位置可以由幾個數字的組合來表示

在電視螢幕上畫出 x 軸與 y 軸，從電視螢幕往前畫出 z 軸。螢幕上富士山頂的位置可以用（50, 30）來表示，遙控器前端的位置可以用（50, 30, 300）來表示。同樣地，四維空間中的一點，可以使用 x 軸、y 軸、z 軸、w 軸的數值來表示，例如（10, 5, 20, 8）。

z 軸

y軸

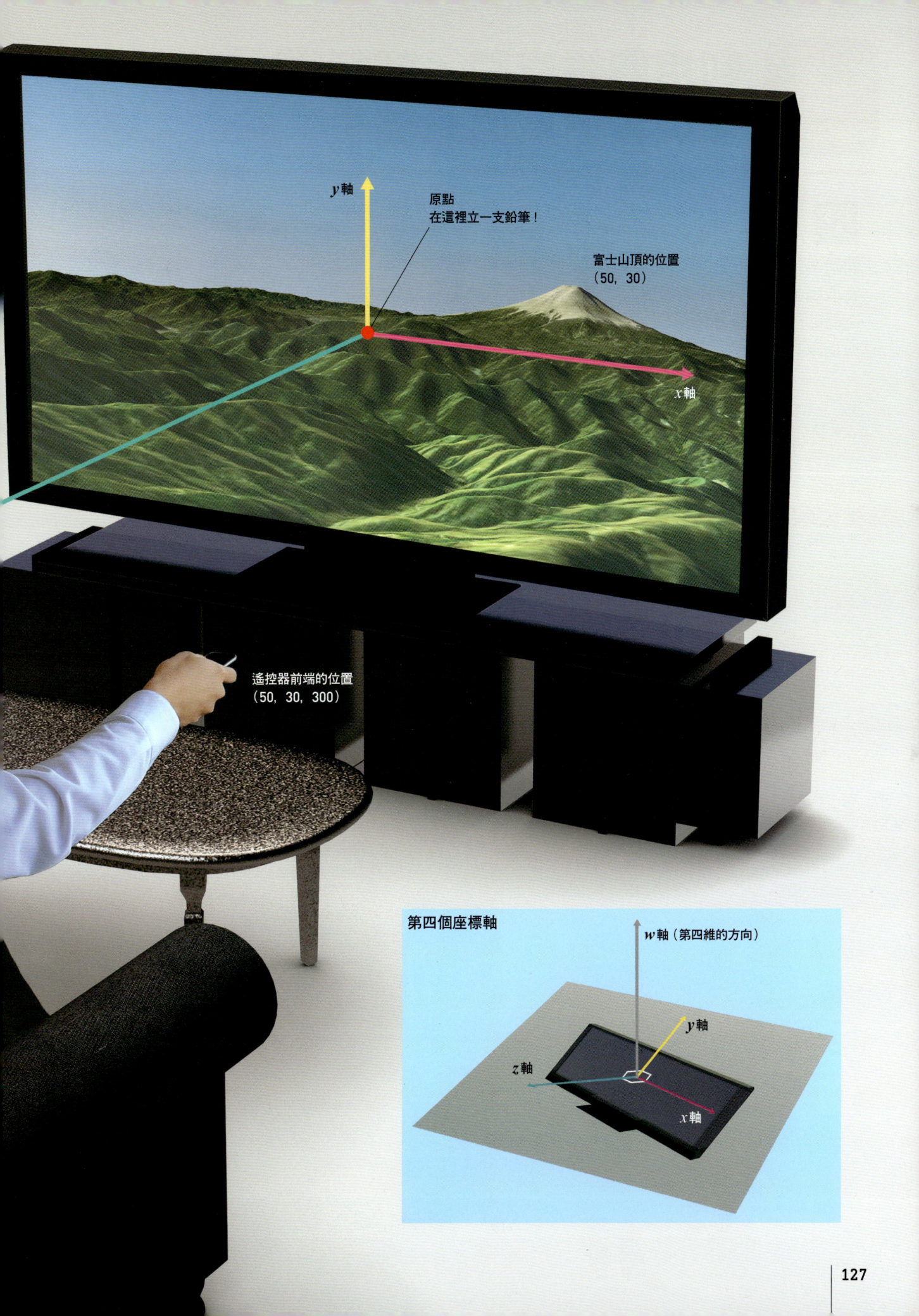

原點
在這裡立一支鉛筆！

富士山頂的位置
（50，30）

x軸

遙控器前端的位置
（50，30，300）

第四個座標軸

w軸（第四維的方向）

y軸

z軸

x軸

四維空間中的移動

利用四維空間，就能從上鎖的保險箱中取出金塊！

四維空間中會發生各種奇妙的現象。例如，我們不用開門，就能從上鎖的保險箱中輕鬆取出金塊。一下子轉換成四維空間的思維可能有點強人所難，所以讓我們先從「二維人」所在的二維空間（平面）來思考。

在二維世界（$z=0$ 的 xy 平面）中，若想把金塊藏起來，只要用四邊形的牆壁將其圍起來即可（**A**）。二維人只能看見平面方向，所以看不到保險箱裡的金塊。除非打開保險箱的門，否則二維人無法取出金塊。

然而，對我們三維人來說，二維保險箱中的金塊清楚可見，甚至不用打開保險箱的門，就能輕鬆取出金塊。三維人可以抓住金

在我們無法感知的方向提起移動

下圖顯示從二維世界的保險箱中取出金塊的方法，以及四維人從三維空間的保險箱中取出金塊的示意圖。生活在二維世界的二維人無法感知高度方向，但我們（三維人）可以在那個高度方向移動金塊；同樣地，我們三維人無法感知第四維度的方向，但四維人可以輕鬆地在那個方向移動金塊。

A.

- 提到 $z=1$ 的位置
- 往 y 方向移動
- $z=1$ 時的二維空間
- 二維的金塊
- 二維的保險箱
- $z=0$ 時的二維空間（二維世界）
- 降到 $z=0$ 的位置
- 可以在不碰觸保險箱牆壁的情況下取出金塊

把貴重的金塊放在保險箱裡！

二維人只能看到這裡

那是什麼？

金塊消失了！

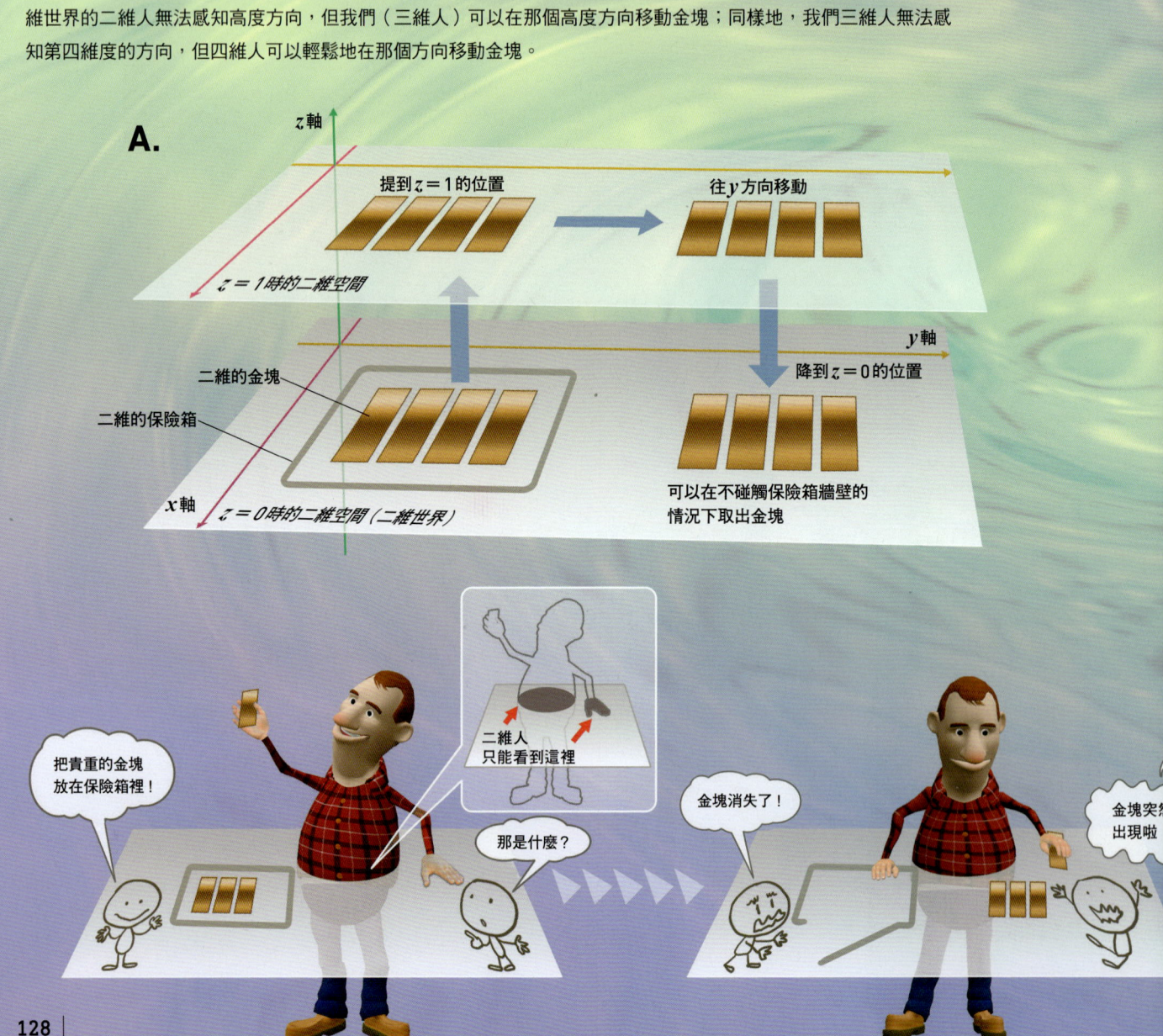

金塊突然出現啦

塊，沿著高度方向（z軸方向）提起來，接著水平移動，再降至z＝0的位置，就能把金塊拿到保險箱外面。

這時要注意的是，金塊並沒有從牆壁「穿過」，而是在完全沒有碰觸到保險箱牆壁的情況下移動，但對於看到這個景象的二維人來說，金塊看起來就像是突然出現在眼前一樣。

金塊一度從我們的三維世界消失

同樣地，存在於四維空間的四維人，可以俯瞰我們生活的三維世界（B）。從四維人的角度來看，藏在三維空間保險箱中的金塊一覽無遺。當四維人拿起金塊並沿著四維方向（w軸方向）提起金塊時，金塊會暫時從我們的三維世界（w＝0的xyz空間）消失。然而，由於我們三維人看不到箱子裡的金塊，無法察覺到這件事。當金塊沿著水平方向移動，並降至w＝0的位置時，就能把金塊帶到保險箱外面；此時金塊並沒有從牆壁「穿過」，這與二維人的情況是一樣的。

對我們三維人來說，金塊看起來就像是突然出現在眼前一樣。

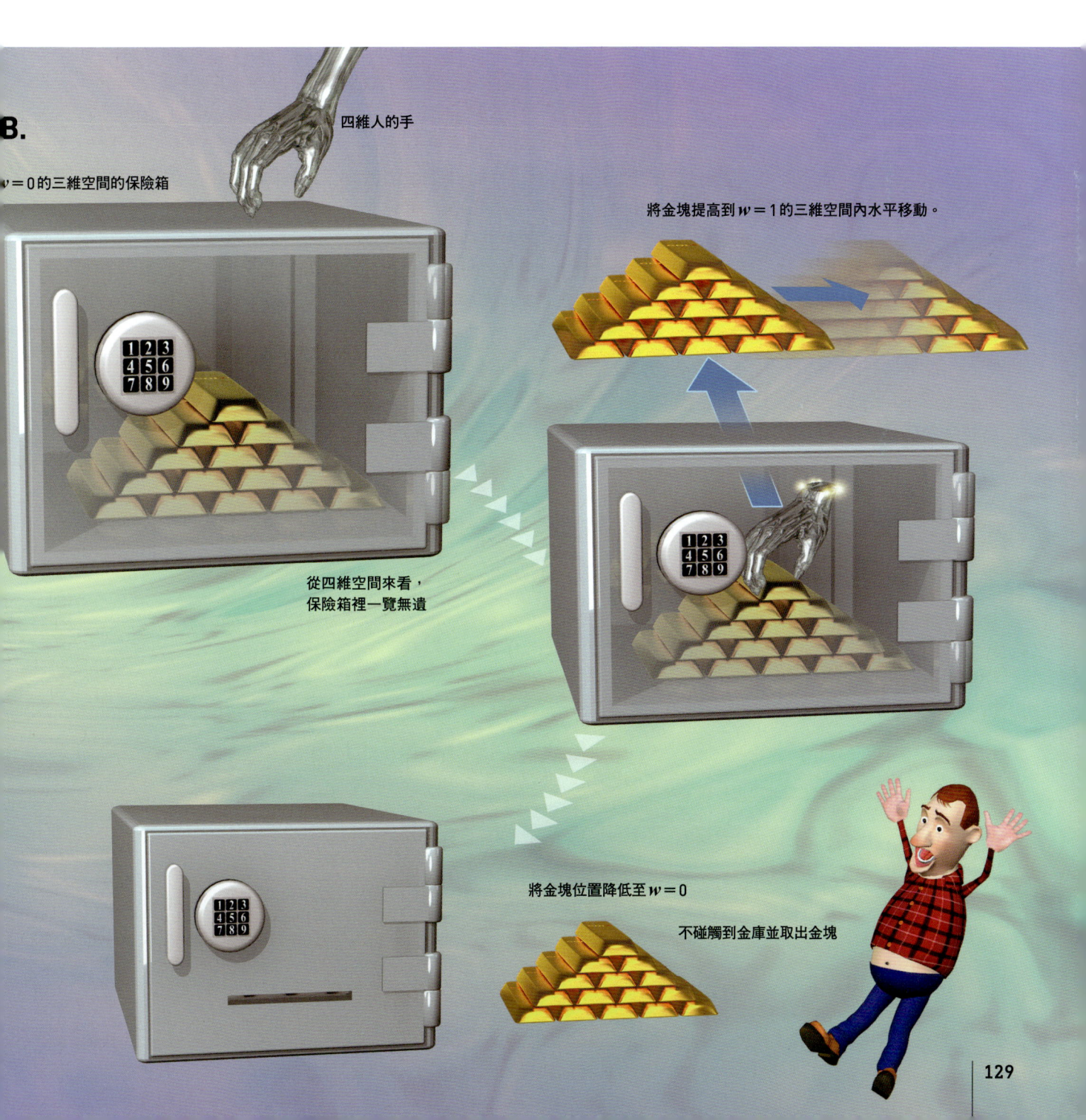

B.

w＝0的三維空間的保險箱

四維人的手

將金塊提高到w＝1的三維空間內水平移動。

從四維空間來看，保險箱裡一覽無遺

將金塊位置降低至w＝0

不碰觸到金庫並取出金塊

| 非歐幾里得幾何學

三角形內角和不為180度的世界

曲率是指線或面的彎曲程度，曲率愈大，曲線愈彎；如果是直線，則曲率為零。平面或球面這類曲率為正的圖形性質，自古希臘時代就已經廣為人知。然而，直到約200年前，人們才開始認真思考曲率為負的圖形性質。

古希臘時代的常識遭到顛覆！

古希臘時代的數學家歐幾里得（Euclid，約前325～約前265），針對幾何學將無法證明的基本事物作為討論的基礎，提出了五個「公設」（參照下方專欄）。然而，在這些公設中，只有第五條與平行線相關的公設（平行公設）非常複雜，因此許多數學家試圖用更簡單的表達方式來描述平行公設，或者僅使用前四條公設來進行證明。

大約200年前，數學家羅巴切夫斯基（Nikolai Lobachevsky，1792～1856），與當時仍籍籍無名的青年鮑耶（János Bolyai，1802～1860），兩人分別獨自得到奇妙的結論。

他們雖未能證明歐幾里得提出的平行公設，卻「發現」即使平行公設不成立也不會產生矛盾的世界，這個世界就是曲率為負的世界。眾所周知，其實當時著名的數學家高斯（Carl Friedrich Gauss，1777～1855）也曾以自己的方法思考過這樣的世界。

平行線是指即使無限延伸也不會相交的兩條直線。在他們所發現的世界中，看似平行的兩條直線會相交，而在平坦的世界中本應相交的直線卻變成平行。

因此，考慮歐幾里得平行公設不成立的世界，這樣的數學即稱為「非歐幾里得幾何學」。

非歐幾里得幾何學後來也對物理學產生重大影響。

在曲率為負的世界中描繪三角形

我們學到的三角形內角和為180度。然而，如果在歐幾里得的平行公設不成立的「曲率為負的世界」中描繪三角形，已知其內角和會小於180度（右頁左上圖），當三角形的面積愈大，內角和就愈小。另外，圓的圓周率會隨著半徑增加而變大。即使試圖在曲率為正的球面世界上描繪相同的圖形，也會得到完全相反的性質。

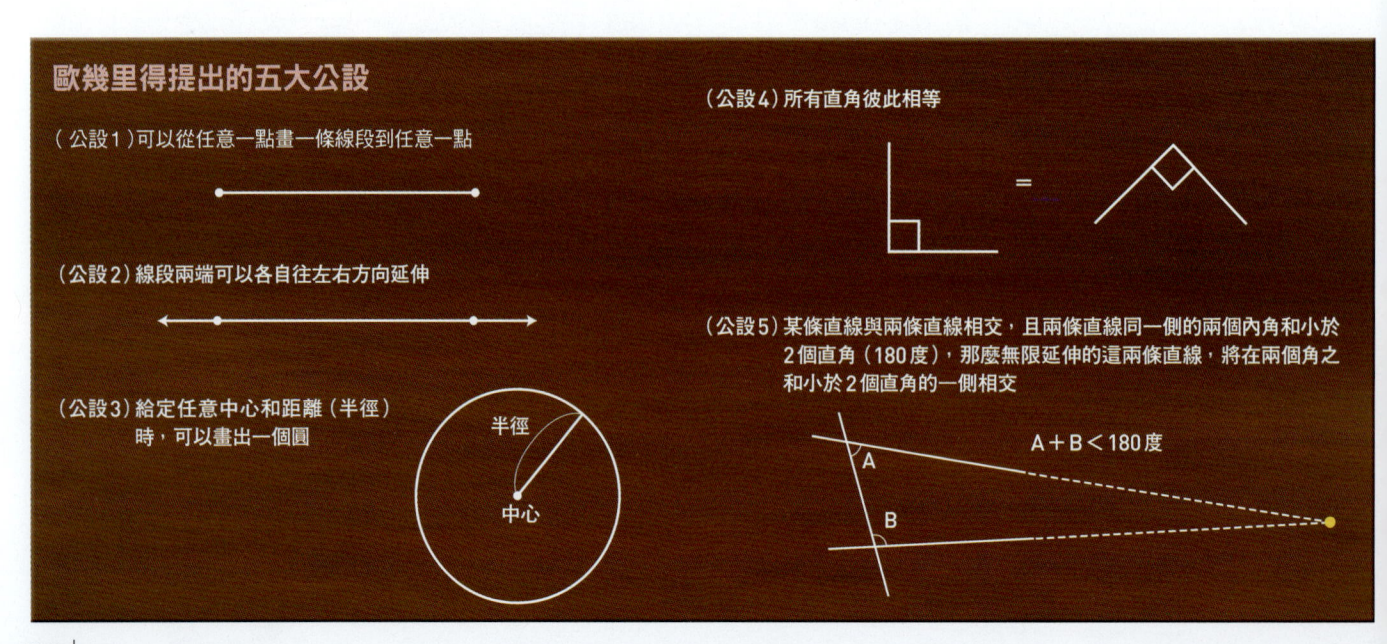

歐幾里得提出的五大公設

（公設1）可以從任意一點畫一條線段到任意一點

（公設2）線段兩端可以各自往左右方向延伸

（公設3）給定任意中心和距離（半徑）時，可以畫出一個圓

（公設4）所有直角彼此相等

（公設5）某條直線與兩條直線相交，且兩條直線同一側的兩個內角和小於2個直角（180度），那麼無限延伸的這兩條直線，將在兩個角之和小於2個直角的一側相交

A＋B＜180度

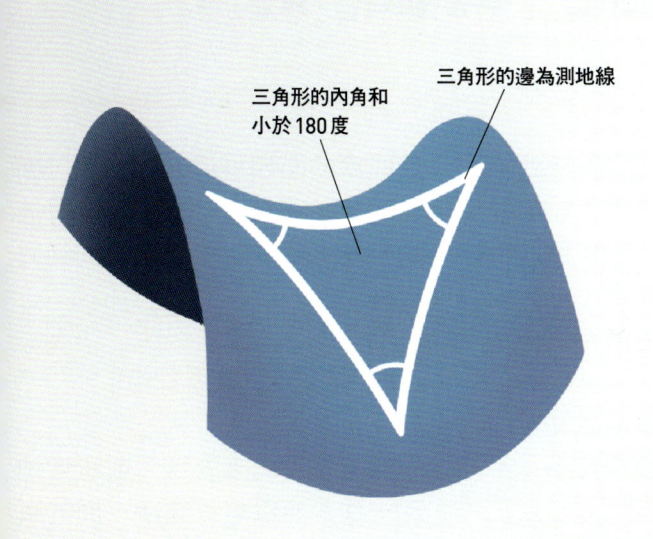

負曲率世界的三角形

在負曲率的曲面上描繪3個邊皆為測地線的三角形，這個三角形的內角和會小於180度。此外，由於三角形的面積是由三個角度來決定，因此與球面上一樣，三個角度相同的三角形都是全等的。

三角形的內角和小於180度

三角形的邊為測地線

負曲率下的固定理想圖形——擬球面

這是名為「擬球面」的圖形模型，上面每個點的曲率都是負的固定值。模型有上下兩端，實際上頂端會變細無限延伸，下端會無限擴大。（東京大學研究所數理科學研究科所藏，山田精機製作）

映照出彎曲的世界——龐加萊圓盤

右圖是稱為「龐加萊圓盤」（Poincaré Disk）的模型，它可以呈現出非歐幾里得幾何學的世界。在這個模型中，圓盤的圓周部分被視為「無限遙遠的地方」，透過這種方式在有限的圓盤內呈現出無限擴大的負曲率固定世界。將這個世界中圓周上的兩點連接起來，與圓周直交的直線或圓弧對應於直線（即測地線）。使用這個模型，我們可以描繪出3條互相「平行」的直線（測地線），構成內角和趨近於「零」的三角形（右圖的藍色三角形）。此外，也可以簡單地描述非歐幾里得幾何學世界中，平行公設不成立的奇特圖形性質，像是兩條平行於某條直線的直線（紅線）會相交等等。

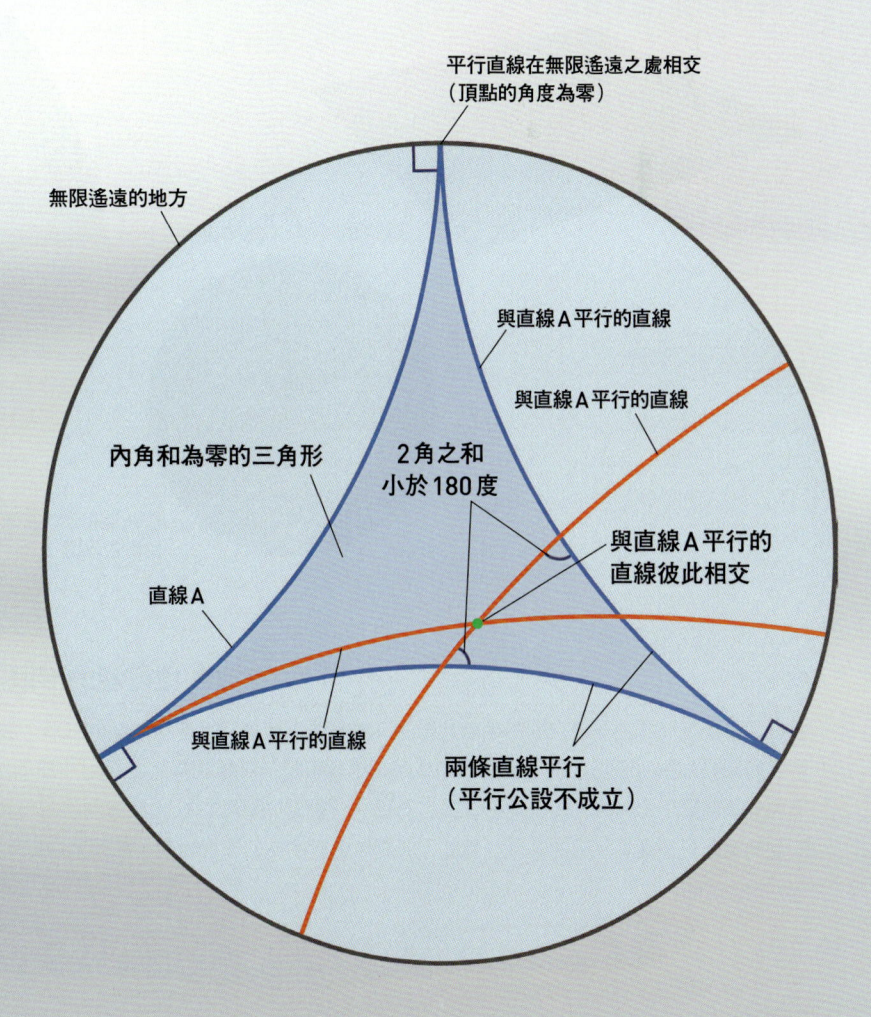

平行直線在無限遙遠之處相交（頂點的角度為零）

無限遙遠的地方

與直線A平行的直線

與直線A平行的直線

內角和為零的三角形

2角之和小於180度

與直線A平行的直線彼此相交

直線A

與直線A平行的直線

兩條直線平行（平行公設不成立）

131

彎曲的空間

宇宙是「平坦」還是「彎曲」的？

愛因斯坦於1915年至1916年間提出的「廣義相對論」，是利用彎曲空間的幾何學來構建的重力理論。話說回來，「彎曲空間」是怎樣的空間呢？

在彎曲空間中，空間可能出現多餘或不足

像內角和超過180度的三角形一樣，我們可以輕易地感受到球面是彎曲的，但要感受到彎曲的空間並不容易。曲率為正或負的空間會出現「空間有多餘或不足」的現象。舉例來說，試著將正方形貼在球面（曲率為正）上，並無法完美地貼合，正方形的一部分必然會產生皺褶而出現多餘的部分。

換句話說，正曲率的面和平坦的面相比，可以說面積較小（不足）。

另一方面，試著將同樣的正方形貼在負曲率的面上，這次變成正方形的面積不足。換句話說，負曲率的面和平坦的面相比，面積較大（多餘）。當空間是彎曲的時候，我們也可以用相同的方式來想像。

宇宙幾乎是平坦的

宇宙是否無限廣闊，或者像地球一樣是一個可以環繞一周的有限空間，這個關於宇宙形狀的問題自古以來就常被拿出來討論。這個問題與宇宙的彎曲程度（曲

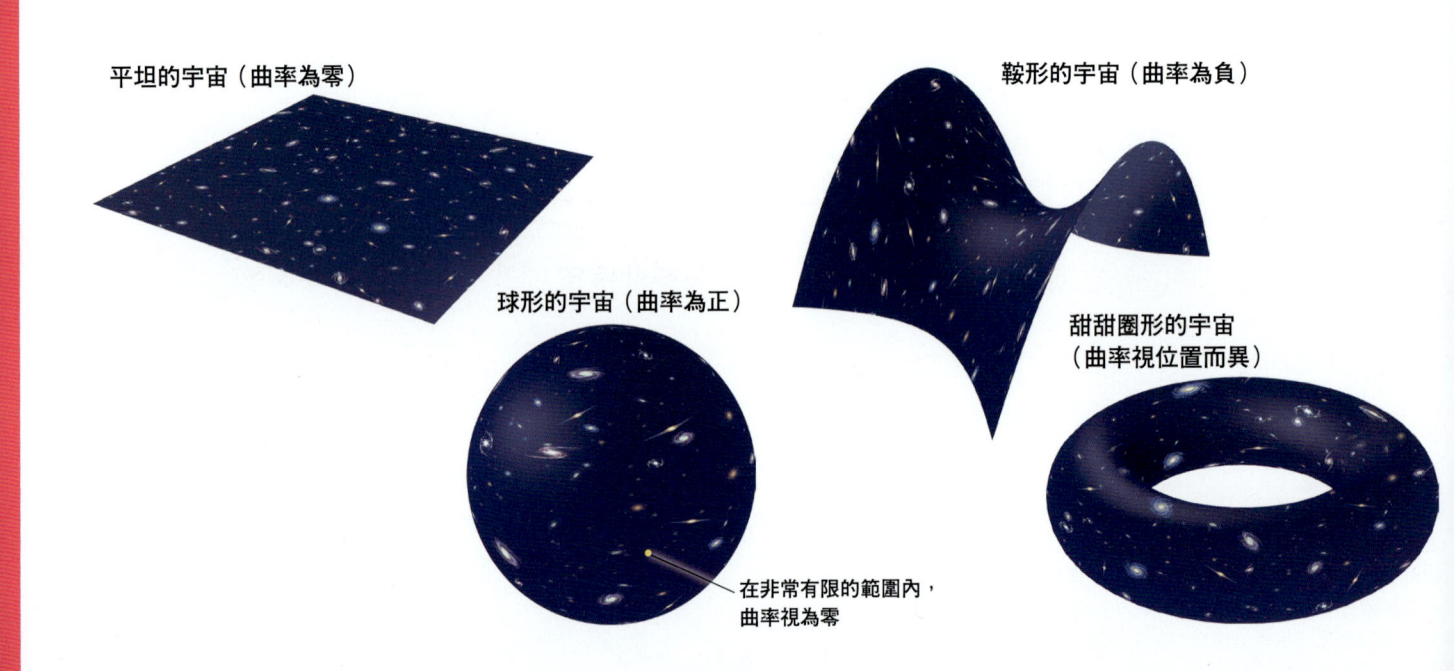

平坦的宇宙（曲率為零）

鞍形的宇宙（曲率為負）

球形的宇宙（曲率為正）

甜甜圈形的宇宙（曲率視位置而異）

在非常有限的範圍內，曲率視為零

宇宙各種可能的形狀

這些示意圖是將原為三維空間的宇宙比擬為二維平面，描繪宇宙各種可能的形狀。我們目前還無法確定宇宙是如何擴展的，只知道觀測到的宇宙範圍是「幾乎平坦」的；特別是如果範圍十分有限，可以視為完全平坦（曲率為零）。因此，宇宙有可能如左上圖所示，是一個曲率為零的無限寬廣平面，也可能是球形（曲率為正）、鞍形（曲率為負），或者曲率視位置而異的甜甜圈形。從整個宇宙的角度來看，由於實際觀測到的範圍只是極其有限的區域，因此人們至今仍對宇宙的真實樣貌一無所知。

率）密切相關。只要知道宇宙的曲率，就能推測出整個宇宙的形狀（參照下圖）。

從迄今為止的天文觀測結果來看，我們知道宇宙是「幾乎平坦」的，但這不代表宇宙就是一個無限廣闊的平坦空間；所謂的「幾乎平坦」，終究僅適用於我們可以觀測到的宇宙範圍。一般認為，宇宙空間遠比我們所能觀測到的範圍還要廣闊得多。就像地球實際上是一個球面，但在有限的範圍內，看起來就像平的一樣；由於我們能夠觀測到的宇宙範圍有限，因此現階段無法判斷觀測範圍之外的宇宙是否真的是平坦的。

另外，即使試圖透過天文觀測來計算曲率，仍難免會出現誤差，所以僅憑觀測結果實在很難確定「曲率為零」。無論觀測再怎麼精確，只要存在誤差，就無法完全排除略微彎曲的可能性。

在宇宙創造巨大的三角形！

若要簡單說明如何計算宇宙的曲率，可以利用下述方法，亦即在可觀測的宇宙中創造一個巨大的三角形，然後測量其內角和。

假設在遙遠的宇宙中有個已知實際長度和距離的「量尺」，想像一下以這個量尺為底邊、地球為頂點的巨大三角形。透過觀測地球上看到的量尺角度大小，得到巨大三角形的內角和，如此就能計算宇宙的曲率。

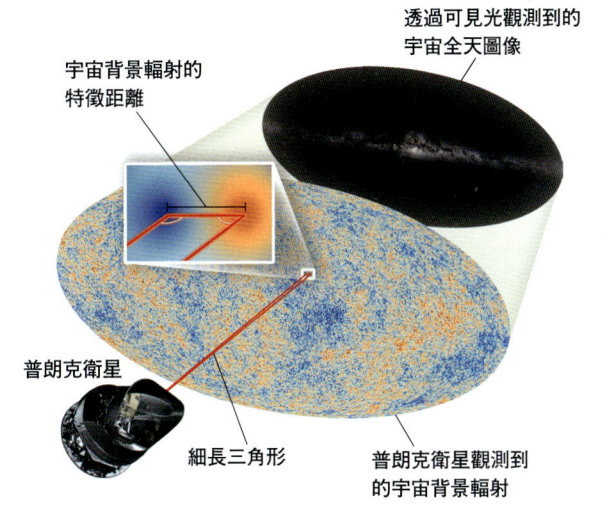

這裡使用的量尺是一種稱為「宇宙背景輻射」的光（微波）之圖案。宇宙背景輻射是宇宙誕生後不久充滿整個宇宙、後來傳到地球的光。進行全天觀測時，就能看見右上圖中具有特徵的斑點圖案。透過觀測這個斑點圖案中的特徵長度，將其作為量尺，即可在整個宇宙描繪巨大的三角形，從而計算宇宙的曲率（參照上圖）。

宇宙的未來不僅僅由曲率決定

可能有些人聽過這樣的說法，亦即宇宙未來的形態可以根據曲率的正負來預測。

事實上在大約20年前，人們還在討論如果宇宙的曲率為正，宇宙總有一天可能會開始收縮，最終塌縮。

然而，自從1998年確認暗能量的存在後，便無法單憑曲率來預測宇宙的未來。

宇宙的未來形態可以透過宇宙中的物質密度、暗能量的密度以及宇宙的曲率這三者的關係來預測。

暗能量是一種加速宇宙膨脹而至今仍未知其真實樣貌的能量。在確認它的存在之前，人們只能靠物質的密度和宇宙的曲率來預測宇宙的未來形態。

由於已知宇宙幾乎平坦以及暗能量的值，人們認為宇宙很有可能會永遠持續膨脹下去。可是，因為尚不清楚暗能量的真實樣貌，所以其他的可能性並非完全不存在。

彎曲世界的數學可說是了解宇宙真實樣貌不可或缺的工具。

求出宇宙所能描繪的最大三角形內角和！

此為歐洲太空總署的天文衛星普朗克（Planck）觀測到的宇宙背景輻射（微波）的全天圖像，以及用於測量曲率的巨大三角形示意圖。透過觀測宇宙背景輻射中的特徵長度，創造出好幾個像這樣的三角形，並計算三角形的內角和，就能在一定的誤差範圍內確認宇宙是平坦的。圖中不同顏色代表每個位置的溫度差異。

宇宙背景輻射的特徵距離
透過可見光觀測到的宇宙全天圖像
普朗克衛星
細長三角形
普朗克衛星觀測到的宇宙背景輻射

拓撲學

藉助連接方式將圖形分類！

拓撲學（topology）又稱為「位相幾何學」。「幾何學」是指和圖形有關的數學。在幾何學的世界中，根據什麼樣的規則來分類各種圖形相當重要。

在國中數學階段，我們通常會根據「邊長」或「角度」等標準來分類圖形，像是「全等」或「相似」，但在拓撲學中，這些標準並不重要。

拓撲學中圖形的「連接方式」才是最重要的。第135頁的圖可以看見用線（數學上嚴格定義粗細為零的線）書寫的文字，和立體文字的分類方式有所不同，這是因為線和立體有著不同的「連接方式」。

幾何學是圖形的分類學！

三角形是由三個頂點連接而成的圖形。三角形的特徵取決於「邊長」和「角度」。圖形的邊和角度皆相同稱為「全等」，經過放大和縮小而變成全等的圖形稱為「相似」。邊長和角度都不同的三角形，以及頂點數與三角形不同的四邊形和圓形，在國中的學習範圍內都視為「不同的圖形」。

然而根據拓撲學的觀點，所有的三角形，甚至四邊形和圓形，都可以視為相同的形狀。

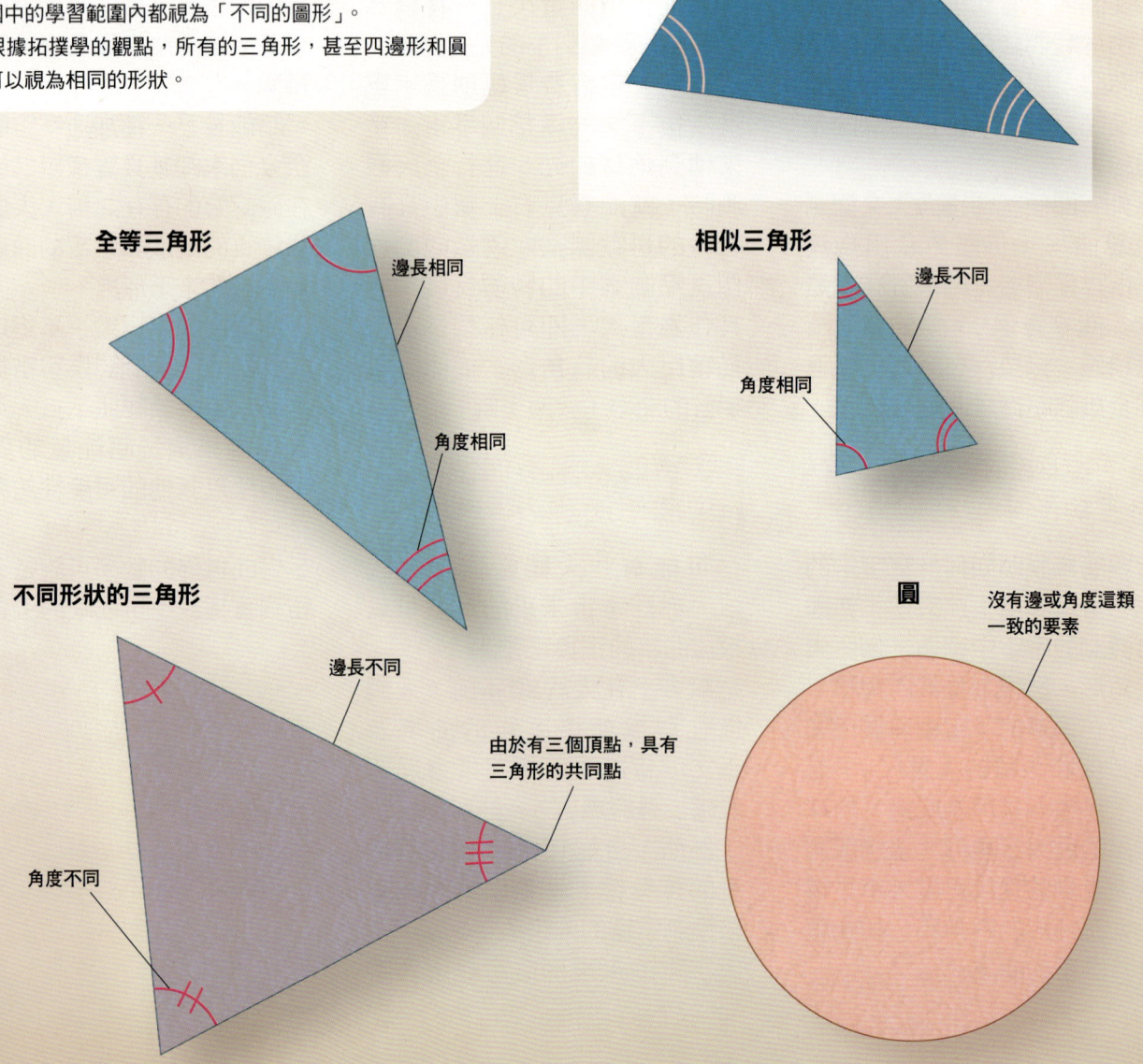

原始三角形

全等三角形 — 邊長相同 / 角度相同

相似三角形 — 邊長不同 / 角度相同

不同形狀的三角形 — 邊長不同 / 角度不同 / 由於有三個頂點，具有三角形的共同點

圓 — 沒有邊或角度這類一致的要素

例如，用直線寫的「A」，有兩個將線分成三條的點。

在維持連接方式的情況下，兩個圖形變形（伸縮圖形）後仍保持一致，這在拓撲學中被視為相同的圖形（同胚）。

在點仍維持分成三條線的情況下，「A」可以變形成「R」，因此「A」和「R」為同胚。但是要將「A」變形為「P」或「H」，則必須減少中間分成三條線的一個點，或者將線截斷。由於這樣會改變連接方式，因此「A」和「P」、「A」和「H」在拓撲學中均視為不同的圖形。

拓撲學的核心在於維持連接方式的「映射」

不僅僅拓撲學，將某個圖形的各點和其他圖形的各點相對應，這樣的操作在數學中稱為「映射」（mapping）。例如，讓A的一個點對應到R的一個點，就是所謂的映射。即使在進行此操作後，仍維持所有點的連接方式（線是否連接、是否分成三條、線的端點等），這在拓撲學中，兩個圖形就視為同胚，這樣的映射稱為「同胚映射」（homeomorphic mapping）。

A ≅ R ≠ P

- 連接線的區域
- 連接線的區域
- 同胚的符號
- 把線分成三條的點
- 分成三條線的點只有一個
- 把線分成三條的點
- 圖形端點
- 圖形端點
- 圖形端點
- 只有一個圖形端點

R ≅ P

- 觀看表面有限的區域，沒有分歧
- 在立體上的洞
- 在表面的大範圍區域，看似分成三條

從拓撲學的角度來思考英文字母？

從拓撲學的角度，思考用線條書寫的文字時，特殊「連接方式」的點（上圖中帶有顏色的區域）成為分類的標準。有時不同字體可能有不同的連接方式，因此必須注意。考慮立體文字的拓撲學時，不是像線一樣看分支的數量，而是以立體中「洞」的數量是否同胚來作為分類的標準。看似分成三塊的位置，在立體中可能在更有限的區域看不到分支，因此不能作為分類的標準。

杯子的底部沒有洞

咖啡杯和甜甜圈的連接方式一樣

在拓撲學中，咖啡杯和甜甜圈視為相同的形狀（同胚），這是因為兩者可以藉由伸縮進行變形，如上圖所示。這是一個非常著名的例子，思考方式與文字的例子完全相同。

另外，有兩個把手的鍋子由於有兩個洞，因此視為與咖啡杯和甜甜圈不同的圖形。同樣地，游泳圈這種內部是空洞的物體，乍看之下形狀似乎與甜甜圈一樣，但如果考慮到內部空間的連接方式，也可以說兩者是不同的圖形。

隨處可見的拓撲學

電車路線圖為拓撲學的常見例子

我們在車站和電車內看到的「路線圖」，就是基於拓撲學概念表現的一個易懂例子。

查看路線圖時，各位通常會注意哪些地方呢？大多數人應該都會確認前往目的地的車站數量和轉乘的車站，應該很少有人會在看路線圖時試著估計「到目的地車站的實際距離」。

電車的路線圖將必要性質以外的事物都剔除了

以下地圖是將東京市中心附近的JR、東京地鐵和都營地鐵的路線重疊在實際的地圖上，市中心的路線就像這樣錯綜複雜地交織在一起。右頁展示了經過簡化的市中心附近路線圖，以及東京地鐵丸之內線的路線圖。儘管每張路線圖的形狀各不相同，但車站的順序和路線轉乘所需的資訊這類路線圖的性質並未改變。

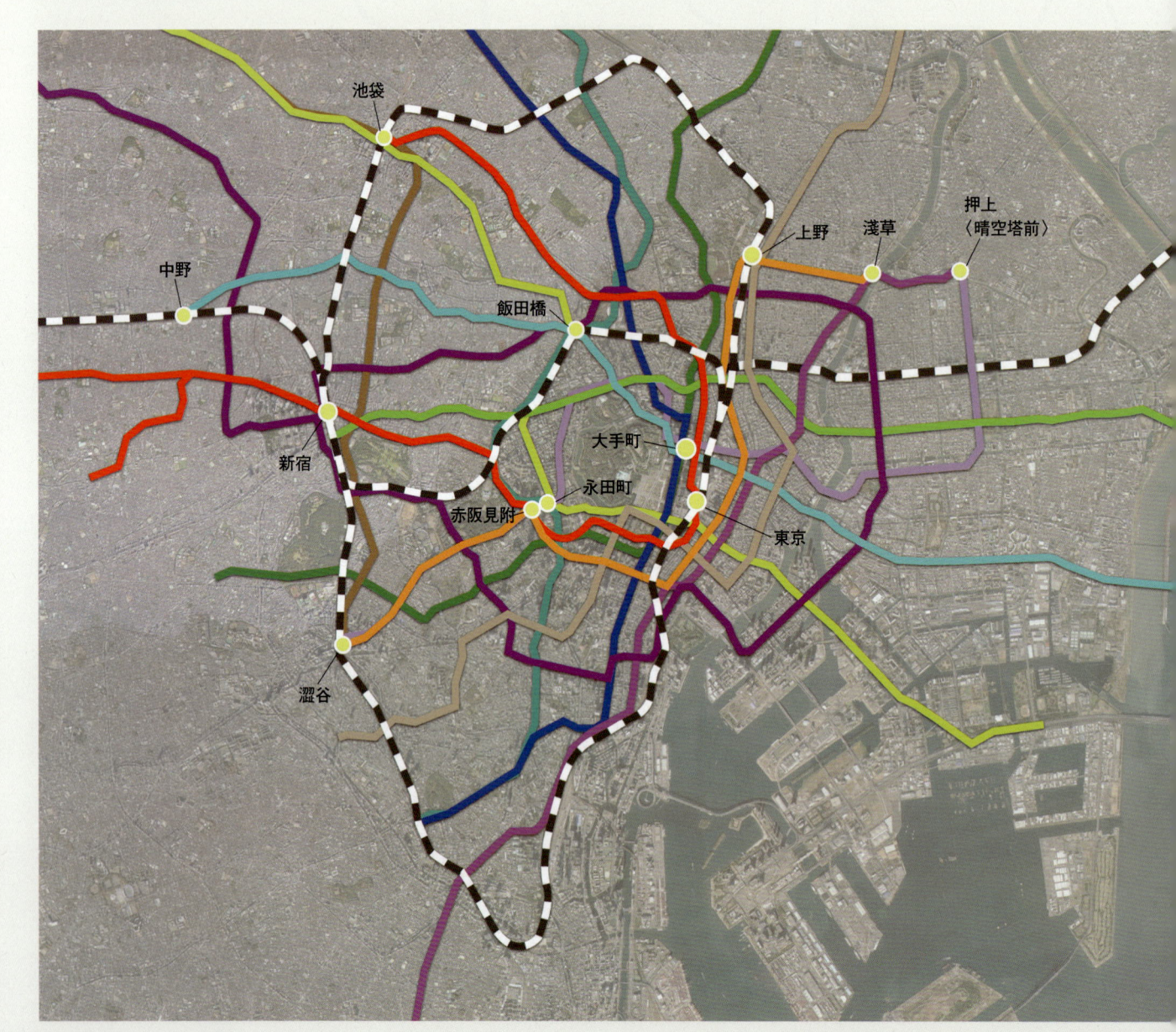

基於 Google Earth ©2018 ZENRIN 的圖像製作而成

電車的路線圖為拓撲！

舉例來說，東京地鐵丸之內線的池袋站和新宿站，光看丸之內線的路線圖，感覺似乎距離很遙遠（右下圖），但在實際的地圖上（左頁圖），兩個車站的距離其實沒那麼遠。

像這樣，路線圖上的距離看似遙遠，實際距離卻非常近；反之，前往目的地途中的車站數量不多，看起來非常近，但其實車站之間可能相距很遠。

實際的丸之內線形狀就像左頁的圖一樣。然而，一旦路線圖接近實際情況，就變得不實用了。

路線圖忽略了車站與車站之間的距離和實際的位置關係，只把重點擺在「車站的順序」和「路線之間的連接方式」這類路線的「性質」上。這樣的思維正是拓撲的思考方式。

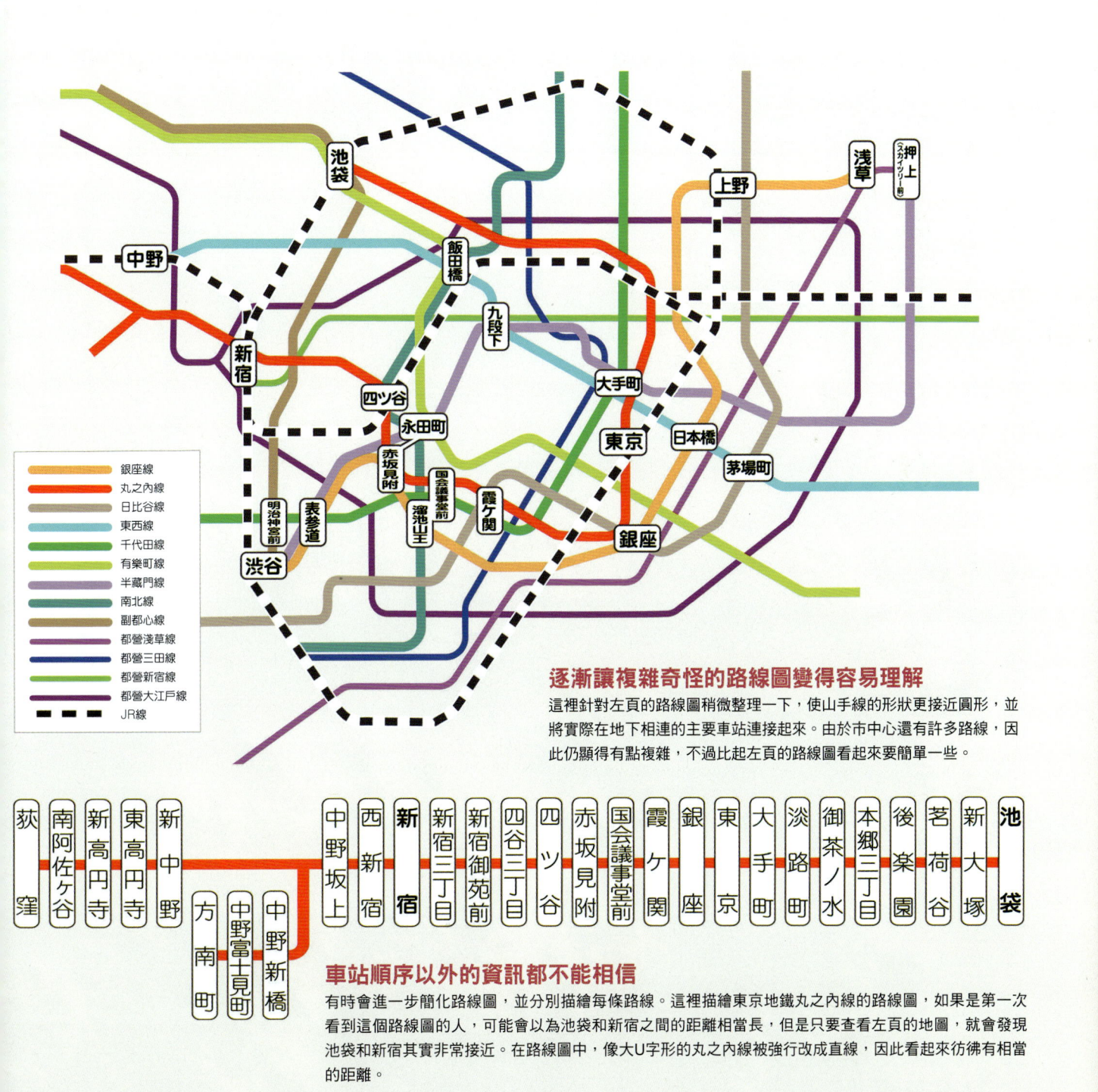

逐漸讓複雜奇怪的路線圖變得容易理解

這裡針對左頁的路線圖稍微整理一下，使山手線的形狀更接近圓形，並將實際在地下相連的主要車站連接起來。由於市中心還有許多路線，因此仍顯得有點複雜，不過比起左頁的路線圖看起來要簡單一些。

圖例：
- 銀座線
- 丸之內線
- 日比谷線
- 東西線
- 千代田線
- 有樂町線
- 半藏門線
- 南北線
- 副都心線
- 都營淺草線
- 都營三田線
- 都營新宿線
- 都營大江戶線
- JR線

車站順序以外的資訊都不能相信

有時會進一步簡化路線圖，並分別描繪每條路線。這裡描繪東京地鐵丸之內線的路線圖，如果是第一次看到這個路線圖的人，可能會以為池袋和新宿之間的距離相當長，但是只要查看左頁的地圖，就會發現池袋和新宿其實非常接近。在路線圖中，像大U字形的丸之內線被強行改成直線，因此看起來彷彿有相當的距離。

137

碎形① 自然界中的奇妙碎形世界

溺灣（ria）的海岸線、分枝繁多的樹木、積雨雲、花椰菜、閃電的形狀……自然界所創造出來的形狀與現象都非常複雜。但它們都有一個共同的特點，就是當放大一部分時，會呈現出與整體相同的形狀，而且反覆出現，這類形狀的性質就稱為「碎形」（fractal）。

不光是數學，碎形作為理解複雜形狀和現象的概念，在物理學、生物學、經濟學等廣泛領域

都有所研究。

碎形圖形的製作方式

下圖是碎形的一種。碎形是指整體和細節具有自相似性（self-similarity）關係的物體，幾何學的模式在不同的倍率下反覆出現。右下羅曼尼斯科花椰菜的花蕾呈碎形，小的錐形花蕾呈螺旋排列，形成大錐體，這個大錐體又形成一個更大的錐體。

有很多製作碎形圖形的方法。下面舉個例子。

首先，製作多個圖形的複製圖，針對每個圖形重複進行「伴隨縮小轉換」的操作。

每當重複這樣的操作，圖形的複製數量就會不斷增加；這些連續的複製圖組合在一起，逐漸形成複雜的碎形圖形。

何謂碎形圖形

圖形的一部分與整體具有相似關係的圖形，就叫做碎形。碎形經常以海岸線為例，一般的圖形即使整體形狀複雜，細節也不會有太大變化，但像海岸線這類景象，其圖形愈細形狀就愈複雜。下圖所示的羅馬尼斯科花椰菜也是碎形，照片中可以看出，圖形愈細形狀就愈複雜。

碎形② 也應用於經濟預測等方面

數學家曼德博（Benoit Mandelbrot，1924～2010）是世界上第一個提出碎形這個全新概念的人。碎形一詞源自「fract」這個單字，具有「像玻璃那樣碎成細小複雜狀態」的含義，而碎形也包含這樣的意義。

曼德博的研究不僅涵蓋數學，還包括物理學、經濟學、天文學和生物學等多個領域，棉花價格的波動成為曼德博最初發現碎形這個概念的契機。他分析了100多年的棉花市場價格波動的相關數據，發現無論放大或縮小，價格波動的圖形都具有相同的形狀，也就是說，具有自相似性。

基於這項發現，曼德博繼續獨自研究，後來了解這種自相似性其實適用於河川、樹木的分支結構、閃電的形狀、濃密的積雨雲形狀、煙霧的流動等自然界中各種不同的複雜形狀或現象，堪稱是一個重要的概念，於是將其命名為碎形。1982年，曼德博公開出版的著作《大自然的碎形幾何學》（The Fractal Geometry of Nature）引發一場大熱潮，使得他從此聲名大噪。

表示碎形圖形維度的「碎形維度」

碎形最具革命性的地方在於它能夠用整數以外的值來表示維度這個概念。

一般而言，維度是用來表示空間擴展程度的指標。舉例來說，直線因為只要一個變數就可以確定任意位置，所以是一維；平面需要兩個變數才能確定任意位置，所以是二維；立體需要三個變數才能確定任意位置，所以是三維。

然而，這個定義並無法表示碎形圖形的維度。例如，義大利數學家皮亞諾（Giuseppe Peano，1858～1932）於1890年發現的「皮亞諾曲線」（Peano curve），即為一種碎形圖形（右上圖）。

這個圖形是經重複沿著十字形的邊緣畫線這樣的操作繪製而成。無限重複這個操作而形成的圖形具有自相似性，可以完全填滿正方形內的二維平面。

這個圖形是一筆畫出來的曲線，可以用一個變數來確定圖形上任意點的位置。根據傳統的維度定義，這個圖形屬於一維。然而，由於皮亞諾曲線填滿了平面，因此必須是二維，這裡就產生了矛盾。同樣的情況也發生在其他的碎形圖形上。

於是人們便想出「碎形維度」的概念。這裡介紹的碎形維度，定義是給定一個圖形，若將該圖形縮小至r（r>1）分之1，當形成N個縮小後的圖形時，假設該圖形的碎形維度d為$r^d=N$。兩邊取對數，則$d=\frac{\log N}{\log r}$……（1）。

以皮亞諾曲線為例，若將十字形的長度縮小為原本的2分之1，可以得到4個相似的圖形；將$r=2$，$N=4=2^2$代入（1），得到$d=2$。這代表皮亞諾曲線和平面一樣是二維的，這樣一來就解決了矛盾。

那麼，科赫曲線（Koch curve）的碎形維度又是多少呢？最初的線段長度縮小為3分之1，並且包含4個線段，因此將$r=3$，$N=4$代入（1），得到，$d=\frac{\log 4}{\log 3}=1.26$……。這表示赫科曲線是1.26維。由此可知，碎形維度與一般維度不同，其最大特徵是可以取整數以外的值。

不過，碎形維度只適用於皮亞諾曲線或科赫曲線這類具有嚴密自相似性的圖形。因此，對於有複變動態系統（complex dynamics）之稱的碎形圖形，適用名為「豪斯多夫維度」（Hausdorff dimension）這種不同定義的維度。

為CG的發展貢獻良多

在這種情況下誕生的碎形也應用於CG（電腦圖學）的領域。利用能以簡單的操作來創造複雜結構的碎形特性，可以用相對簡單的程式來繪製蕨類植物的葉子或立體地形圖等複雜的圖形。

另外，在此之前，關於複雜現象的研究是以「混沌」理論為主，但現在已經發現碎形與混沌理論有著密切的關係。因此，碎形與混沌理論一起用作理解複雜形狀和現象的概念，目前已開展

皮亞諾曲線
重複進行沿著十字形邊緣畫線的操作繪製而成的碎形圖形。可以完全填滿正方形的內部。

花椰菜的碎形
立體圖形中也存在許多具有碎形特性的物體。形狀蓬鬆的花椰菜看起來像是由大小不一的「團狀物」集合所組成。取出大「團狀物」的一部分，會出現小的「團狀物」；取出小「團狀物」的一部分，又會出現更小的「團狀物」。這也是碎形的特性。

廣泛領域的研究。

　　2003年，美國經濟正處於地價上漲而引發的泡沫經濟當中，當時曼德博便從碎形的角度對社會提出警示。他根據過去長期和短期反覆上升和下降的經濟趨勢，預測當前的泡沫經濟不會持續太久。

　　事實上，正如曼德博所擔心的那樣，2007年發生泡沫破裂崩潰；過去被認為無法分析或預測的現象，如今已有碎形這個備受期待的強大工具可以幫助我們理解其中要義。

蕨類葉的碎形
這是一種蕨類植物。細長的葉子聚集在一起，形成更大而細長的葉子；再將這些細長的葉子聚集在一起，形成更大而細長的葉子。此外，還有許多具有這種碎形特性的植物，例如樹枝等。

海岸線的碎形
左邊地圖為宮城縣和岩手縣交界附近的三陸海岸，這裡的海岸線以溺灣著稱。放大海岸線的一部分，可以看見彷彿新形成的崎嶇溺灣海岸線。因此，我們可以說溺灣是具有碎形特性的形狀。

141

Galileo

\ 日本最受讀者信賴的科學雜誌 /

日本牛頓出版 叢書系列

★ 累計銷售突破 1,000 萬本 ★

新系列增加【課綱對照表】

貼近日常生活

大量照片 & 電腦模擬圖

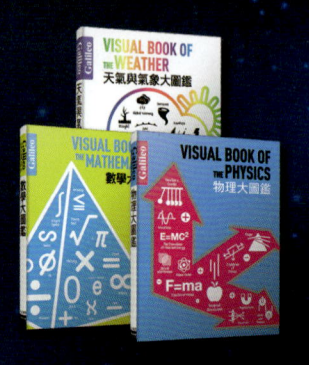

從基礎到最新科學情報

	人人伽利略	伽利略科學大圖鑑	新觀念伽利略	少年伽利略
基礎觀念	進階 ★★★	推薦 ★★★	推薦 ★★	入門 ★
課綱對照表			✓	
特色	大開本細節說明更多 更多延伸、專欄	囊括該學科方方面面 圖片系列最多	剛剛好的內容量 新增課綱對照表	每本 80 頁 入門無負擔
適讀對象	高中～成人	國高中 (～成人)	國高中	國中
開本	菊 8 開 (21x27.5cm)	16 開 (19x24.3cm)	18 開 (16x23cm)	16 開 (19x24.8cm)
頁數	144~176	208	144	80
定價	$350~$500	$630	$380	$250

新觀念伽利略 ｜「十二年國教課綱學習內容對照表」

Point 1
可利用對照碼查找主題對應章節

Point 2
各小節對應的國、高中課綱主題，選修 or 必修

Point 3
透過各小節對應的課綱學習內容再次溫習書中所學知識，確認是否理解

人人出版 推薦好書

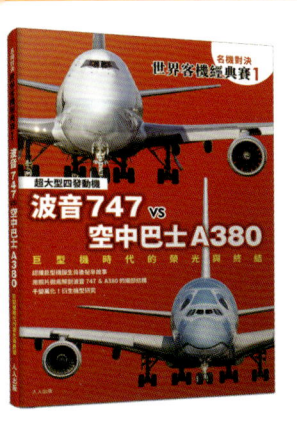

世界飛機系列 10
【名機對決 世界客機經典賽1】
波音747 vs 空中巴士A380
巨型機時代的榮光與終結

ISBN：978-986-461-397-7
定價：500元
頁數：144頁
尺寸：18.2×25.7公分

波音747於1969年以世界最大客機之姿君臨天下，龐大的運輸量為民航業者開啟了新世代，長年暱稱為「巨無霸客機」，在飛機迷中擁有高人氣；空中巴士公司致力打造出的A380，身為最大客機的寬敞客艙，在航空公司彈性運用下，不斷創新改革，甚至有航空公司將淋浴間、有如私人宅邸般的豪華套房搬上飛機。

即使這兩種大型飛機特色十足，但隨著市場需求轉變及環保意識抬頭，最後仍相繼走向停產之途。本書將一般大眾熟悉的波音747、空中巴士A380做比較，分別解說其開發背景、衍生機型、內部構造解說等，透過精彩照片帶領讀者一窺巨型機的榮光與落幕。

日本鐵道系列 3
日新幹線全車種完全圖鑑
網羅最新 N700S 到懷舊 0 系、試驗、檢測列車

ISBN：978-986-461-365-6
定價：500元
頁數：224頁
尺寸：18.2×25.7公分

日本最新的新幹線路線「西九州新幹線」已於2022年9月23日開通，JR九州自行改造的專用車輛——N700S列車備受矚目！

本書從日本新幹線0系介紹至N700S，網羅退役車輛、試驗列車、車廂內裝圖片、Logo標誌變化等珍貴照片，可以比較不同車系、編組的差異，一覽日本新幹線車輛的歷史沿革。也納入最新西九州新幹線N700S「海鷗號」、最新試驗車「ALFA-X」、台灣高鐵車輛介紹與預計2027年行駛的磁浮列車中央新幹線車輛相關介紹。

日本鐵道系列 5
日本頂級郵輪式列車＆美食之旅
畢生難忘的極致奢華饗宴

ISBN：978-986-461-400-4
定價：380元
頁數：112頁
尺寸：21×29.7公分

郵輪式列車是什麼？這是有如郵輪般的奢華列車之旅，沿途欣賞美景、安排下車觀光、享用精緻餐點並在車上過夜。無論從行前確認、路線安排、車廂設計、車上服務等，都衷心期待能帶給顧客無上的尊榮體驗。日本知名的「九州七星號」將鐵道之旅提升至新境界，自2013年上路至今仍一票難求！而「TRAIN SUITE 四季島」、「TWILIGHT EXPRESS瑞風號」、伊豆觀光列車「THE ROYAL EXPRESS」同樣令人嚮往不已。

本書詳細介紹日本最具代表性的郵輪式列車，並採訪多位相關人員，細數列車的開發理念及魅力之處。另外也彙整全日本45輛美食列車，下次走訪日本時，不妨安排一趟列車之旅吧！

143

Staff

Editorial Management	木村直之
Design Format	宮川愛理
Editorial Staff	中村真哉
	宇治川裕
Writer	山田久美（10～27,38～51,54～89ページ）

Photograph

2	oben901/stock.adobe.com	50-51	DESIGN ARTS/stock.adobe.com	138	JoorJuna/stock.adobe.com
3	Savory/stock.adobe.com	54-55	【座席】xjrshimada/stock.adobe.com,【新幹線】	139	Savory /stock.adobe.com
5～7	oben901/stock.adobe.com		幸太白木/stock.adobe.com	141	geniousha/stock.adobe.com,
13	show99/stock.adobe.com	56-57	Jerry sllwowski/stock.adobe.com		Scisetti Alfio/stock.adobe.com
14-15	cassis/stock.adobe.com	60	【群眾】hikidaigaku86/stock.adobe.com,	143	JoorJuna/stock.adobe.com
16-17	Mike Mareen/stock.adobe.com		【背景】filrpvska/stock.adobe.com		
18-19	steven hendricks/stock.adobe.com	62-63	jalisko/stock.adobe.com		
20-21	FiCo74/stock.adobe.com	64-65	Anton Ivanov Photo/stock.adobe.com		
22-23	Paopano/stock.adobe.com	66-67	sripfoto/stock.adobe.com		
24-25	metamorworks/stock.adobe.com	68-69	guerrieroale/stock.adobe.com		
26-27	Photocreo Bednarek/stock.adobe.com	70-71	Milan/stock.adobe.com		
32-33	anko/stock.adobe.com	72-73	Patryssia/stock.adobe.com		
	skhosrork/stock.adobe.com	74-75	【地圖】Zerbor/stock.adobe.com,【背景】naka/		
38	sotopiko/stock.adobe.com		stock.adobe.com		
39	K/stock.adobe.com	76-77	Chinnapong/stock.adobe.com		
40-41	Anton Gvozdikov/stock.adobe.com	78-79	Nikolay Popov/stock.adobe.com		
42-43	chachamal/stock.adobe.com	80-81	Sergey/stock.adobe.com		
44-45	metamorworks/stock.adobe.com	117	Savory/stock.adobe.com		
46-47	asiandelight/stock.adobe.com	125	Newton Press		
48-49	UTS/stock.adobe.com	131	東京大学数理科学研究科 河野俊丈		

Illustration

Cover Design	Newton Press	66	Newton Press（地圖：Made with Natural Earth.）	118～123	Newton Press
1～3	Newton Press	68	Newton Press	124	Newton Press
8-9	Newton Press	70-71	Newton Press	126～130	Newton Press
29～31	Newton Press	72-73	Newton Press	132～135	Newton Press
34～36	Newton Press	74-75	Newton Press	136-137	Newton Press（地圖：Google Earth ©2018 ZENRIN）
53	Newton Press	80	Newton Press		
56～59	Newton Press	82～87	Newton Press	141	Newton Press
61	Newton Press	91～97	Newton Press		
		98～101	Newton Press		
62-63	Newton Press	103～111	Newton Press		
64	Newton Press	112～115	Newton Press		

【人人伽利略系列 42】

培養生活數學素養
透過生活實例與益智解謎提升數學能力

作者／日本Newton Press
翻譯／趙鴻龍
執行副總編輯／陳育仁
出版者／人人出版股份有限公司
地址／231028 新北市新店區寶橋路235巷6弄6號7樓
電話／（02）2918-3366（代表號）
傳真／（02）2914-0000
網址／www.jjp.com.tw
郵政劃撥帳號／16402311 人人出版股份有限公司
製版印刷／長城製版印刷股份有限公司
電話／（02）2918-3366（代表號）
香港經銷商／一代匯集
電話／（852）2783-8102
第一版第一刷／2025年4月
定價／新台幣450元
　　　港幣150元

國家圖書館出版品預行編目（CIP）資料

培養生活數學素養：透過生活實例與益智解謎
提升數學能力／日本Newton Press作；
趙鴻龍翻譯. -- 新北市：
人人出版股份有限公司, 2025.04
面；公分. —（人人伽利略系列；42）
ISBN 978-986-461-422-6（平裝）
1.CST：數學

310　　　　　　　　　　　　　113018970

NEWTON BESSATSU KYOYO TOSHITE
NO SUGAKU
Copyright © Newton Press 2022
Chinese translation rights in complex
characters arranged with
Newton Press through Japan UNI Agency,
Inc., Tokyo
www.newtonpress.co.jp

●著作權所有・翻印必究●